# 海洋生物学
**地球を取りまく豊かな海と生態系**

Philip V. Mladenov 著

窪川 かおる 訳

# SCIENCE PALETTE

丸善出版

# Marine Biology

First Edition

A Very Short Introduction

by

Philip V. Mladenov

Copyright © Philip V. Mladenov 2013

All rights reserved. No part of this book may be reproduced or transmitted in any form or by any means, electronic or mechanical, including photocopying, recording or by any information storage retrieval system, without the prior written permission of the copyright owner.

"Marine Biology: A Very Short Introduction, First Edition" was originally published in English in 2013. This translation is published by arrangement with Oxford University Press.
Japanese Copyright © 2015 by Maruzen Publishing Co., Ltd.
本書は Oxford University Press の正式翻訳許可を得たものである．

Printed in Japan

カナダとニュージーランドの家族へ

# 訳者まえがき

　海の生物をテーマとした平易な入門書がないことを残念に思っていた訳者にとって，原著は待望の書籍でした．本書は，海の環境と生物との関わりを体系的に解説し，海洋生物学の本来の面白さ，不思議さ，スケールの大きさをわかりやすい文章で紹介しています．

　海の生物を断片的な知識や情報で扱うのではなく，また生理学や発生学のように生物個体の現象の理解が主たる目的でもない，もっと広く総合的に海の生物を理解する分野が海洋生物学です．その環境だからその生態系があり，そこにその生物が生きているといった関係こそが重要なのです．一方，本書ではさらに海が抱えている問題にも目を向け，海のあらゆる環境が破壊されつつある現状を訴えています．その解決策は本書だけでは扱い切れないほど重要なことであり，読者，特に若い方々が，海の全体像を理解し海について考え続けることが解決策につながるのだと思います．

　海は地球の表面積の7割を占めるほど広大で，海流は複雑に流れ，平均水深は約3800メートルと深く，最深が1万メー

トルを超えるマリアナ海溝へは，最高峰エベレストよりも長い距離を旅しなければたどり着けません．冒険家でも研究者でも，高い水圧と低温で暗黒の海に果敢に挑むことは容易ではなく，いまだに海は未知な事に満ちた不思議な世界なのです．日本が特別なのは，大小合わせて600あまりの島からなり，世界一長い海岸線をもつことです．面積が61位の国土に対して，排他的経済水域は世界6位の広さであり，しかも，日本沿岸は世界の14％にもなる海洋生物種が生息する生物多様性の宝庫です．そして私たちはたくさんの豊かで美味しい海産物の恩恵を受けています．しかし現実は急速に変化しています．水産物の生産量も消費量も年々減りつつあり，しかも世界的に養殖が漁業をしのぐ勢いです．すばらしい魚食文化をもつ日本にすむ私たちは，地球規模での水産資源を考えるときが来ています．また気候変動による地球温暖化もじわじわと海洋の環境，さらには生態系を変えています．そういった中で，海と生物を総合的に見ようという海洋生物学は，これから私たちが海から何を学び，何をしなければならないかを教えてくれるでしょう．

　最後に，北海道大学名誉教授の浦野明央先生には訳者の悪文を丁寧に査読してものの見事に改訂してくださり，また丸善出版株式会社企画編集部の米田裕美氏には多大なるお骨折りをいただき出版に導いていただきました．お二人のご尽力に心から感謝いたします．

2015年2月　　　　　　　　　　　　　　　　　　窪川　かおる

# はじめに

　海洋は，地球上で最も広く最も重要な生態系をもつ環境です．地球表面の 71％を覆い，そのうち 99％以上は生物が生きることのできる環境です．海は生物の宝庫です．地球上の生物による一次生産量の半分が海で生産されています．電子顕微鏡でしか見えない微小なウイルス，それより大きいけれど姿を見るには顕微鏡を必要とする細菌，プランクトン，そして地球上で最大の動物クジラまで，海洋は豊富な生物多様性とそれらの生物のさまざまな生態で満ちています．海洋環境に，すべての海洋生物がみごとに適応しているのです．これだけでも，海洋生物学がいかに魅力的で，重要で，興奮する分野であるか，おわかりいただけるのではないでしょうか．

　海洋生物学をしっかりと理解することは，いま，かつてないほど重要な意味があり時代に即しています．その理由は，海洋環境とそこに生きる生物たちが私たちの幸福な生活と生存に不可欠であると，私たちが十分に気づきはじめているからです．海洋の生態系は豊富な海洋生物資源を人間や家畜などの食料として提供してくれます．それだけでなく以下の観点でも海洋の生態系は重要です．海洋の生態系は地球の気候

を安定化させている大事なしくみであり，人間活動が原因となって引き起こされた気候変動が深刻化している現在は，地球環境にとって海はきわめて重要な場所になります．たとえば，多くの汚水を吸収して浄化してくれます．医学と工学で役に立つさまざまな生体分子を提供してくれます．的確に機能するサンゴ礁とマングローブ林が海岸を守ってくれます．そして，世界中の海で私たちは楽しいレクリエーションや旅行ができます．

残念なことに，人間活動は長年にわたり海洋という巨大な生態系に深刻な影響をもたらしてきました．21世紀になり，乱獲，沿岸開発，汚水処理，プラスチックごみ，油流出，富栄養汚染，外来種の拡散，気候変動による温室効果ガスの排出といった人間活動がもたらしている劇的な変化が，海洋環境とそこに生きる生命の多くに明らかにダメージを与えています．世界の人口は今後40年で70億人から90億人へ指数関数的に増えるとされています．この人口増加の影響はとてつもなく巨大で，人類の存続に深刻な脅威となるでしょう．

本書では，海洋生態系の本来の美しさと複雑さ，地球環境と人間社会に対する海洋の存在意義，そして海洋への人類の影響の増加を十分理解してもらえるように，海洋環境と海洋生物の生態系について，簡潔ながらも全体像が把握できるように紹介します．

### 謝 辞

ラサ・メノンとエマ・マの助言と励まし，そしてポール・テイラーの査読と的確なコメントに心から感謝します．

# 目　次

## 1　海洋という環境　1
全海洋の地理／海洋の環境条件／塩分／水温／光／圧力／酸素／二酸化炭素と海洋の酸性化／海洋の動き

## 2　海洋の生物学的プロセス　19
海洋一次生産者／海洋の一次生産のしくみ／海洋の一次生産力の測定／海洋の一次生産力のパターン／エルニーニョの南方振動／海洋システムを通るエネルギーの移動

## 3　沿岸の生物　41
ケルプの森の生物群集／藻場／やわらかい海底の生物群集／沿岸のデッドゾーン（死の海）／有害な藻類の大発生／生物学的侵略（バラスト水問題）／プラスチックごみ

## 4　北極と南極の海洋生物学　69
北極海の海洋生物学／南極の海洋生物学

## 5　熱帯の海洋生物　91
サンゴ礁／物理的な環境条件／サンゴの生物学／サンゴ礁の種類／サンゴ礁の生態系／サンゴの有性生殖／サンゴ礁の破壊／人類の影響／マングローブ

## 6 深海の生物学 121

深海の環境／深海に適応した生物／深海底の動物／鯨骨生物群集と深海のごちそう／海山／熱水噴出孔の生態系と冷湧水

## 7 潮間帯の生物 147

潮汐／潮間帯の生物の適応／潮間帯の帯状分布／潮間帯の帯状分布の原因／深刻な人類の影響

## 8 海の恵み 163

参考文献 183

図の出典 189

索 引 191

# 第 1 章

# 海洋という環境

　宇宙から見ると，私たちのすむ地球は広大で深いひとかたまりの海，**全海洋（グローバルオーシャン）**に覆われています．全海洋は，約 13.4 億立方キロメートル，すなわち縦，横，高さ 1 km の立方体で約 13 億個にもなる膨大な量の水で，地球上のすべての水の約 97％を占めています．

**全海洋の地理**

　全海洋は，太平洋，大西洋，インド洋，北極海，南大洋の 5 つの大洋に分けられています（図 1）．また，カリブ海や紅海などのたくさんの海は，これらの大洋と接する海域にあります．

　大洋は，海水で満たされた大きな鉢のような形をしています（図 2）．それぞれの鉢（海盆）の縁の部分は，大陸とつ

**図1** 地球を取り囲む全海洋.

ながるように伸びて浅くなだらかな傾斜となり，先のほうは大陸棚または大陸縁辺部となります．**大陸棚**は陸から沖に向かって200メートルほどの深さまで広がり，幅は数キロメートルから数百キロメートルまでさまざまです．

大陸棚の沖の辺縁では，海底が急勾配で深くなっており，**大陸斜面**を形成しています．大陸斜面は2〜3キロメートルの水深まで落ち込み，そこから平坦になり，なめらかで広大な海底の平原に変わります．ここは**深海平原**と呼ばれ，およそ3〜5キロメートルの水深に広く見られ，全海洋の海底のおよそ76％を占めています．

深海平原には，広大な**中央海嶺**，すなわち大規模な火山活動によってできた海底山脈が横たわり，海底から数千メートル以上の高さでそびえ立っています．中央海嶺は，地球を野球のボールに見立てると，その縫い目のように，全海盆の海

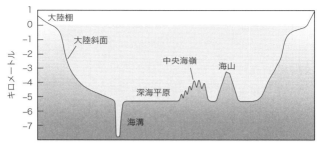

図2　海盆の断面図.

底を横切り6万5000キロメートルも続く山脈なのです.

　深海平原の辺縁に沿った場所には，幅の狭い**海溝**または海底渓谷が見られる場合があり，それは海底からさらに3～4キロメートルの深さまで落ち込んでいます．長さは数千キロメートルもありますが，幅はわずか数十キロメートルしかありません．グランドキャニオンは深さ約1.6キロメートル，長さ433キロメートルですから，海溝がいかに深く狭く長大かがわかります．全海洋で最も深い場所は，日本とフィリピン諸島それぞれのはるか沖に位置する**マリアナ海溝**の底で，その深さは海面からおよそ11キロメートルにもなります．

　**海山**もまた，独特でドラマチックな光景を見せてくれます．海山は典型的な火山で，周囲の海底から1000メートルあるいはそれ以上の高さでそびえていますが，海面には届いていません．海山の頂上は，海面の数百から数千メートル下にあることになります．海山は一般に，中央海嶺と関係した連山や山塊をつくっていますが，独立峰として海底から立ち上がっているものもあります．全海洋には，深海底から

1000メートル以上の海山が10万以上あると見積もられています.

**海洋の環境条件**

海洋生物は,海面から海溝の最深部まで全海洋に広く分布しており,**漂泳ゾーン**と呼ばれる外洋の海水中を浮遊したり活発に泳いだりするか,あるいは**底生ゾーン**と呼ばれる海底表面や海底下で生活しています.

いまでは,あらゆる海洋環境で生物が生態系をつくっていることが知られていますが,19世紀には,無生物ゾーンと呼ばれる300尋(ひろ)(約550メートル)よりも深い海域には,いかなる生物も存在しないと広く信じられていました.このゾーンは暗黒の死の世界で,いかなる生物にとっても過酷な環境だと考えられていたのです.しかしこの考えは,英国のチャレンジャー号(1872〜76年)の歴史的海洋調査によって葬り去られました.チャレンジャー号は海盆のより深い部分を広範囲に探索した初めての船で,6000メートルほどの深さで海洋生物を発見したのです.

私たちはいまでは,海洋が驚くほど生命であふれていることを知っています.ウイルスは生命としては最も原始的ですが,予想だにしないほど豊富に存在しており,1ミリリットルの海水中に約1000万個もいるとされています.細菌やほかの微生物は1ミリリットルに約100万個の密度で存在し,無脊椎動物,魚類,海産哺乳類,海産爬虫類は10万種にもなります.これらが全海洋のすべての場所に生きているのです.

表1 海水中のおもなイオンとその濃度.

| イオン | 濃度(グラム/キログラム) |
|---|---|
| 塩素イオン ($Cl^-$) | 19.35 |
| ナトリウムイオン ($Na^+$) | 10.76 |
| 硫酸イオン ($SO_4^{2-}$) | 2.71 |
| マグネシウムイオン ($Mg^{2+}$) | 1.29 |
| カルシウムイオン ($Ca^{2+}$) | 0.41 |
| カリウムイオン ($K^+$) | 0.39 |
| 合 計 | 34.91 |

 では,これだけ多くの生命を存在させる環境とは,どのようなものなのでしょうか.

## 塩 分

 海水には,溶解したイオンの希釈物,すなわち**塩**が含まれており,すべての海洋生物がその中に浸かっています.塩素イオンとナトリウムイオンは海水中に多量にあるものですが,より少量の硫酸,マグネシウム,カルシウム,カリウムなどのイオンも含まれています(表1).

 海水に溶けている塩の総量を**塩分**と呼びます.海水の塩分は,典型的には約35であり,これは1キログラムの海水に約35グラムの塩が溶けている状態です.しかしこの塩分の値は,部分的に閉じた湾では,速い蒸発,降雨,川の流入,氷の融解などを受けて変動します.

## 水 温

 海洋生物のほとんどは海水中にすんでいます.陸上環境は極端な気温の変化もありますが,海水は緩やかな範囲内で水

温が変動しています．熱帯地域の海盆では，表層の水が1年を通して暖かく20〜27℃の間で変動しますが，浅い熱帯の湾では，夏の高温でおよそ30℃まで上昇します．一方，極域の海盆の海表面は−1.9℃にまで下がります．

水温は水深とともに低下しますが，下がり方に規則性はありません．多くの場合，急激に水温が変化する**水温躍層**という層があり，海表面の暖かい海水と深海の冷たい海水とがここで分かれています（図3）．

熱帯の海では，水温躍層がはっきりとしていて，永続性があるという特徴をもっています．水深約100メートルからはじまり，100メートル以上の厚さがあります．水温躍層より上の水温は熱帯らしく25℃以上ですが，その直下は6〜7℃しかなく，それ以深では深さとともに水温がゆっくりと下がっていきます（図3）．温帯の水温躍層は季節によって変化し，夏には太陽が表面水温を熱くするので層が明瞭になり，秋冬になると消失します．全海洋のうち極海には，一般的に水温躍層は存在しないとされています．

人類が引き起こしている世界的気候変動は，世界の平均気温のみならず，海水温も上昇させています．全海洋の平均水温は140年前よりも約1℃高くなっており，少なくとも今世紀中は上がり続けるでしょう．温暖化の影響は，21世紀の早いうちに水深100メートル以浅で最も大きく現れるだろうと推定されており，その後，暖かい海表面の海水はゆっくりと深い部分の海水と混ざり合っていくので，海洋の深い部分でも水温が上昇しはじめます．この温暖化傾向は，北極海の

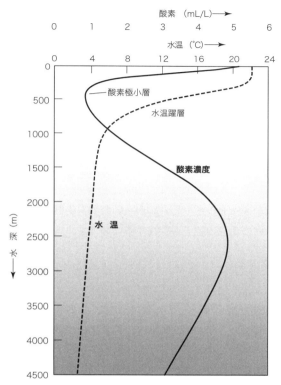

**図3** 水温躍層と酸素極小層を示す熱帯海域の典型的なプロフィール.

海氷の厚さと分布域をどんどん減少させ,毎年夏には海氷のない海域を広げているのです.本書を通して私たちは,現在の方向が,海洋生物および海洋生態系の機能に影響を与え続けていることを知らなければなりません.

## 光

　海表面に降り注ぐ太陽光の量は，1日の時間帯，雲の量，1年の時期，緯度によってかなり異なります．この太陽光が実際に透過する海の表層中（**有光層**）の水深は，海水中の懸濁物の量に大きく左右されます．懸濁物とは，浮遊している堆積物の微粒子や生きた微小な海洋生物およびその死体と分解物のことです．おおまかにいうと，最も透明度の高い海水では，光は水深150～200メートルまで届きます．赤色光は海表面から数メートル以内で吸収され，緑色と青色の光は最も深いところまで達します．温帯の沿岸域では，1年のうち光が数十メートルまでしか届かない時期もありますが，これは海水中に多量の粒子が存在するためです．

## 圧　力

　圧力が高いことも，海洋環境の特筆すべき特徴といえます．海洋では，10メートル深くなるごとに水圧が1気圧ずつ増加していきます（1気圧は，おおまかには海面にかかっている大気の圧力に等しい）．これは，水深100メートルの大陸棚にいる生物は海表面の生物より10倍高い圧力を受けていることになり，深海平原の水深5キロメートルに暮らす生物は海表面より500倍も高い圧力を，海溝の深いところに暮らす生物は海表面より1000倍以上も高い圧力を受けていることになるのです．この圧力は1平方メートルあたり1万トンに相当します．

### 酸　素

　わずかな例外を除いて，溶存酸素は全海洋のどの部分でも，それなりに豊富に存在しています．しかし，海水中の酸素量は大気よりはかなり少なく，20℃の海水が1リットルあたり約5.4ミリリットルの酸素を含むのに対して，同じ20℃の大気は約210ミリリットルの酸素を含みます．また，海水は冷たければ冷たいほうが酸素をより多く含み，たとえば0℃の海水は1リットルあたり約8ミリリットルの酸素を含んでいます．

　海水中の酸素は，どの深さでも同じように溶けているわけではなく，酸素濃度は水深10～20メートルの浅い表層でとくに多いのです．海洋表層では，大気中の酸素が海水に自由に溶け込めることに加え，光合成によって酸素を生成する植物プランクトンも大量に生息するためです．深くなるにつれて酸素濃度は急速に減少し，水深200～1000メートル付近ではきわめて低い濃度になり，ときにはゼロに近くなります．この場所は**酸素極小層**と呼ばれています（図3）．この層ができるのは，海洋表層の酸素が拡散しながらゆっくりと下りてくるためであり，加えて，表層から沈降してきて海底に堆積する有機物粒子が分解される際の酸素消費速度が速いためでもあります．

　酸素極小層より下では，溶存酸素量は逆に深さとともに上昇し，深層の酸素濃度はきわめて高くなります．しかし通常は，海洋表層と同じ程度にまで高くなることはありません．深層の高い酸素濃度のいくらかは，深層の水に起源があります．それは，極海の表層から急速に沈降する冷たくて酸素の

豊富な海水に由来し，高い酸素濃度が深層循環中でも維持されていることによります．同様に，海洋表層付近と比較すると，深海には生物が比較的少なく，また深海生物の代謝速度は遅いため，酸素消費量が少ないことも深層の高い酸素濃度に関係しています．

## 二酸化炭素と海洋の酸性化

酸素とは逆に，二酸化炭素（$CO_2$）は海水に溶けやすい性質をもっています．溶存二酸化炭素の一部は炭酸（$H_2CO_3$）となり，さらに重炭酸イオン（$HCO_3^-$）と炭酸イオン（$CO_3^{2-}$）に分かれます．これら4つの分子は次の平衡方程式のように，平衡状態で存在しています．

$$CO_2 + H_2O \rightleftarrows H_2CO_3 \rightleftarrows H^+ + HCO_3^- \rightleftarrows H^+ + CO_3^{2-}$$

海水のpHは，溶けている二酸化炭素の量に比例して可逆的に変わります．上の式からは，二酸化炭素が海水に吸収されればされるほど，平衡は方程式の右に移動し，より多くの水素イオン（$H^+$）ができ，そしてpHが下がるということがわかります．

海水は自然界ではわずかにアルカリ性で，pH約7.5〜8.5の範囲であり，海洋生物はこの安定したpHの範囲内で生きるように適応してきました．表面近くの海水は一般にこの範囲内での最高値になりますが，それは植物プランクトンや海藻が光合成のために二酸化炭素を取り込んでいるからであ

り,その結果,上記の平衡方程式が左に移動し,水素イオン($H^+$)が除かれるのです.さらに,海表面の海水は一般に深層水よりも温度が高く,海水が暖かくなるほど吸収できる二酸化炭素が少なくなることも関係しています.深層の,より低温で光合成が行われないところでは,逆に二酸化炭素濃度が高くなり,海水のpHは前に示した範囲内の最低値になるというわけです.

　炭酸-重炭酸塩-炭酸塩の平衡状態の結果として,全海洋は地球の炭素の巨大な貯蔵庫となっており,このことは海洋生物と人間社会に重要な意味をもっています.陸生植物にとっても同じですが,海洋では,炭素は海洋植物の光合成と成長を限定している要因ではありません.地球規模で見ると,全海洋は,大気中の二酸化炭素,すなわち気候変動をもたらす温室効果ガスの巨大な自然のタンクであるということができ,現在,全海洋はおよそ350億トンの二酸化炭素のうち約25%を吸収しています.この大量の二酸化炭素は,人類が化石燃料を燃やしたり森林を消失させたりすることで,毎年大気中に放出されているもので,この放出量は1時間あたりおよそ100万トンにのぼります.ほかの25%ほどは大気中の蓄積量とのつり合いで森林に吸収されています.最終的には現在,大気中の二酸化炭素濃度は1年あたり約2 ppm(ピーピーエム)(1 ppmは100万分の1)の割合で上昇しており,これにより,地球の大気中の二酸化炭素濃度が産業革命前の278 ppmから現在の380 ppmになったこと,そして今後もさらに上昇していくことが説明できます.

このように海洋は，人類が引き起こしている気候変動の速度を鈍らせるという大事な役割を担っているのです．しかし海洋には，この2世紀半の間に大気から過剰な二酸化炭素を吸収して除去してきた影響が出はじめてきました．海洋のpHは現在酸性の方向へ向かっています．産業革命以来，全海洋の平均pHはおよそ0.1下がっており，産業革命前に比べて30％酸性化しているのです．これは短期間としては大きな変化であり，現在の二酸化炭素の放出速度では酸性化が加速し，2065年までには海洋の平均pHはさらに0.15下がると予測されています．

結果として，長い間に，pHが7.5より低くなりつつある場所がどんどん増えています．この傾向は**海洋酸性化**と呼ばれ，海洋生物と海洋生態系のすべての機能に深刻な影響を与えているのです．たとえば，サンゴ，二枚貝，カキ，ウニ，ヒトデのようなタイプの海洋生物の多くは，貝殻あるいは体内の骨片が炭酸カルシウムでできています．海水のpHが約7.5より下がった場合，炭酸カルシウムは溶解しはじめるため，これらの生物の貝殻や骨片がむしばまれて弱くなり，海洋生物の健康に明らかな影響が出ることになります．またこれらの生物は，炭酸イオンと海水に溶けているカルシウムを結合させることによって炭酸カルシウムをつくっているため，pHが下がると，海水中の多くの炭酸イオンがpHの低下によって増えた水素イオンと結合し，生物が自分の体をつくるために使える炭酸イオンが少なくなってしまいます．このように，これらの生物は，炭酸カルシウムからなる構造をつくって成長することがより困難になるのです．

**海洋の動き**

　地球規模で見ると，全海洋の表層は風によってできる一連の巨大な流れとなって動いており，それぞれは直径数千キロメートルの渦（環流）を形づくっています（図4）．北太平洋と北大西洋にある北半球の渦は時計回りに流れ，南太平洋，南大西洋，インド洋にある南半球の渦は反時計回りに流れています．これらの渦は，膨大な量の海水と熱エネルギー，そして**プランクトン**と呼ばれる浮遊する海洋生物を，海洋のある海域からほかの海域へと運んでいます．

　例として，北大西洋の渦の循環システムを見てみると，ここでは表層の海水が典型的な時計回りで流れており，この渦の北向きの流れの西端はメキシコ湾流になっています．メキシコ湾流は幅50〜75キロメートルの速い表層流で，北アメリカ大陸の東の辺縁部に沿って1時間あたり平均3〜4キロメートルの速さで北上し，暖かくて塩分に富む膨大な量の海水を熱帯から運ぶ海流です．この暖流はサウスカロライナあたりで北アメリカ沿岸を離れ，北大西洋海流となって北大西洋を横切り，北ヨーロッパ沿岸に到達すると，もっていた熱を大気に放出することによってヨーロッパの気候を温暖にしています．それから渦の流れは南に向きを変え，より冷たくて幅が広く，ゆっくりと流れるカナリー海流となって，ヨーロッパ大陸とアフリカ大陸の西の辺縁部に沿って蛇行しながら南下して行きます．赤道付近でカナリー海流は北赤道海流となって西方へ曲がり，この渦の終点となるカリブ海へ流れ込んでいます．

　それぞれの渦の中心部分の海は，安定した透明度の高い大

第1章　海洋という環境

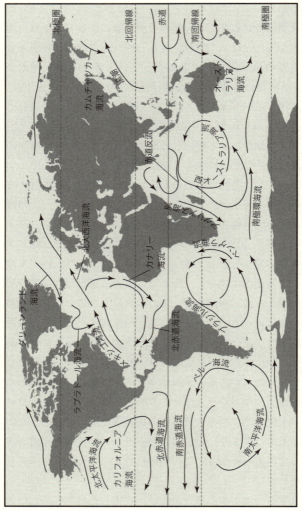

図4 全海洋のおもな表層流．

きなプールのようになっており，北大西洋では，この中心の場所はサルガッソー海として知られています．それは長さおよそ3000キロメートル，幅1000キロメートルほどの広さです．

　表層より深いところでも全海洋で水塊が流れています．この流れは，表層流のように風によって起こるものではなく，北極海で生じる海水の沈み込みによって引き起こされる，より大規模な流れです．このような海流は，海水の水温と塩分の変化によって起こる沈み込みの結果なので，**熱塩循環**と呼ばれます．

　大西洋は熱塩循環のよい例といえます．メキシコ湾流は熱帯から北大西洋の極域の高緯度海域まで，暖かくて高塩濃度の海水を大量に運びます．海流はそこで冷やされ，北極海の凍結で追い出された塩分が加わって，海流の塩濃度が増加します．このプロセスで，海水は冷たく，高塩濃度で，高密度になり，深海へ急速に沈降します．このような海水が大量にアイスランドとグリーンランド沖のノルウェー海でつくられて沈み込み，**北大西洋深層水**となるのです（図5）．そこからゆっくりと大西洋の海盆の海底を南方に流れ，数百年後に南極沿岸に浮かび上がります．同様に，冷たく，高塩濃度で高密度の海水は南極沿岸沖で沈み込み，北大西洋深層水の真下を北方に流れ，赤道を越えて北大西洋の海盆に広がっていきます．この水塊は**南極底層水**と呼ばれます．

　ノルウェー海での海水の沈み込みは，北極海沖で海水が沈み込むことによって増強され，大西洋，インド洋，太平洋お

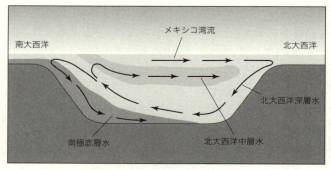

図5 大西洋の熱塩循環のモデル.

よび南大洋が連なった全海洋の海流システムを動かしています．これが**海洋大循環モデル（コンベアベルトモデル）**（図6）です．海洋大循環のコンベアは大西洋からインド洋・太平洋の中へ流れ，冷たく高塩濃度の海水である深層流となって移動していきます．深層水は太平洋で表層に湧昇し，暖められ，表層流になって逆に太平洋，インド洋，大西洋の表層を流れていき，北大西洋の極域の出発点まで戻ります．この循環はおよそ1000年で1周します．海洋大循環コンベアベルトは，風によって生じる表層流よりもかなりゆっくりで，1秒間に数センチメートルしか動きませんが，流量は莫大でありアマゾン川の100倍以上の水の流れになっています．

　海洋大循環コンベアベルトは地球規模の循環システムであり，世界の全海洋を通して酸素，栄養塩，熱を運び，気候が極端に変化しないようにしているのです．この循環システムの状態が変わると，気候と人間社会に深刻な影響が及ぶと考

**図6** 海洋大循環モデル（コンベアベルトモデル）．薄い色は冷たい深層流を示し，濃い色は暖かい表層流を示す．丸印は冷たく高塩濃度の海水が沈み込む海域を示す．

えられ，反対に人間が引き起こした気候変動は，将来この循環システムに影響を与えるでしょう．海氷の融解や北極域の降雨増加が起こると，ノルウェー海に低塩濃度の海水がもたらされる可能性があり，そうなると密度が低くなった表層流は海水の沈み込みが減速し，大循環システムも減速してしまいます．その結果，ヨーロッパの気候に劇的な寒冷化をもたらすでしょう．

# 第2章
# 海洋の生物学的プロセス

　地球上の**一次生産**は，太陽エネルギーを利用する葉緑体をもつ生物による有機物の合成であり，そのおよそ半分が全海洋で産生されています．陸上での一次生産者は，大きくて目立ち，比較的長寿命の木や低木，草であり，陸地の風景の特徴となっていますが，この状況は海洋ではまったく異なっています．海洋の大部分では，一次生産者は微小で短命な微生物であり，日の差し込む海洋表層を浮遊しています．海洋のエネルギー固定微生物は光エネルギーを生物が利用できる化学エネルギーに変換する役割をもち，目に見えない森のようであり，海洋の一次生産のほとんどすべてを担っているのです．このエネルギーは，それから海洋生態系の一次生産者以外のすべての生物に移り，生命維持に使われるので，これらの微小な光合成生物は，全海洋の生産性の基礎となっている

のです．

## 海洋一次生産者

おそらく 30〜50％の海洋一次生産は，0.5〜2 マイクロメートルの大きさの微小な海洋性光合成細菌（微生物）からなる浮遊性微生物が生産しています．これらの微生物は海洋の至るところで大量に見つかり，その中には自由遊泳のプランクトンもいれば，海水中に浮遊している小さな粒子に付着しているものもいます．海洋生物のこの重要なグループについてはまだ多くが不明のままですが，そのひとつのグループが光合成微生物である**シアノバクテリア**，すなわち藍藻類です．これは地球上で最も豊富にあって生産性の高い光合成生物であり，1 ミリリットルあたりおよそ 100 万個の濃度で海洋の水深 100 メートルまでの浅海に生息しています．

その他の海洋一次生産者のおもなグループは，**植物プランクトン**であり，約 2〜200 マイクロメートルの大きさの単細胞生物からなる多様なグループです．**珪藻**は植物プランクトンの重要なグループであり，珪藻の細胞のひとつひとつは，まるで美しく装飾された，ケイ素でできた透明なガラスの箱，いわゆる被殻に包まれています（図 7a）．珪藻の中には，個々の細胞が長い鎖状の集合体を形成するように結合できるものもあります．海洋底のいくつかの場所では，堆積物がほとんど珪藻の細胞壁（被殻）で構成されている珪藻土性堆積物で，長い期間にわたって大量の珪藻が海底に沈んで堆積したことにより生成されたものです．陸上で見られる珪藻土の堆積は，この珪藻土性堆積物の隆起に由来し，経済的に

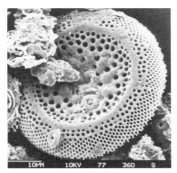

**図 7a** 珪藻の走査型電子顕微鏡写真
(写真一杯に写っている円形の構造体がひとつの珪藻).

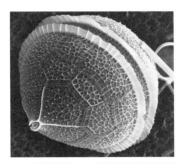

**図 7b** 渦鞭毛藻の走査型電子顕微鏡写真.

も重要なのです.たとえば,フィルターや吸着材,歯磨き粉のような製品の弱い研磨剤に使われますが,ほかにも非常に多くの場面で利用されています.

**渦鞭毛藻**は顕微鏡で見えるくらい微小な植物プランクトン(単細胞藻類)のもうひとつの主要グループです.渦鞭毛藻の細胞は2本の髪の毛のような鞭毛をもち,それらを動かし

図7c　円石藻の走査型電子顕微鏡写真.

ていくらかは動くことができ，多くの場合セルロースでできた半透明の盤で周囲を覆われています（図7b）.

**円石藻**もまた，顕微鏡レベルの植物プランクトン（単細胞藻類）の中のもうひとつの主要なグループで，それぞれの細胞は，炭酸カルシウムでできた小さな装飾された盤，いわゆる円石（コッコリス）に覆われています（図7c）. 円石藻は深海の堆積物中の白亜層（チョーク）の形成を担っており，陸上の隆起したチョーク堆積物は石灰岩として，産業の生産過程で広く使われている生石灰（酸化カルシウム）や消石灰（水酸化カルシウム）などを生産するために採掘されています.

### 海洋の一次生産のしくみ

浮遊性微生物と植物プランクトンは，細胞がもつ葉緑素を使い，海洋の有光層に入射する太陽光のエネルギーを取り込んで使います. このエネルギーは光合成反応を通して，糖やアミノ酸のような有機化合物に含まれている，エネルギーに

富んだ炭素を合成することに利用されています．この過程で，海水に溶けている二酸化炭素（$CO_2$）は無機炭素の素材となります．光エネルギーの存在下で，二酸化炭素は水と反応してブドウ糖のような有機化合物を合成します．酸素（$O_2$）はこの反応の副産物であり，周囲の海水に放出されます．

光合成の一般的な反応式は，次のとおりです．

$$6CO_2 + 6H_2O \xrightarrow{\text{太陽光}} \underset{\text{有機化合物}}{C_6H_{12}O_6} + 6O_2$$

一次生産者によって産生される有機物は，全海洋の基礎エネルギー，すなわち第1栄養段階であり，海洋で生命を維持するエネルギーの主要な原料となり，そして全体として海洋生態系を養っています．第1栄養段階でのエネルギーは第2栄養段階において**一次消費者**または草食動物によって消費され，続いて一次消費者や草食動物は，生態系のさらに高次の栄養段階において海洋の消費者に食べられるのです．

光合成の速度は，水深が深くなるほど光の強度が弱くなるため，遅くなっていきます．海洋の上層は，当然のことながら波風のある海なので，植物プランクトンは鉛直方向の強弱に応じて水中で上下に混ぜ合わされます．植物プランクトンが成長し，繁殖するには，ある深さより浅いところで十分な時間を過ごすことが必要になり，そこは**臨界深度**と呼ばれます．それよりも浅い水深では，基礎代謝に必要なエネルギー量よりも多くのエネルギーを光合成によってつくることができ，成長や繁殖にエネルギーを使えるからです．光合成でつ

第2章　海洋の生物学的プロセス

くるエネルギーが少なければ、生成したすべてのエネルギーを呼吸に使ってしまい、成長には何も残らないことになります。このように、光の利用可能性と鉛直方向の混合の強さは、海洋の一次生産を左右する重要な要因なのです。

栄養塩の利用可用性もまた、一次生産者の成長を制限する重要な要因です。重要な栄養塩のひとつに窒素があります。窒素は植物のさまざまな代謝機能に必要で、とくに、タンパク質を構成する部品であるアミノ酸の生成に不可欠です。海洋の光合成生物は、窒素を海水中に溶け込んだアンモニウムイオン（$NH_4^+$）、亜硝酸イオン（$NO_2^-$）、あるいは硝酸イオン（$NO_3^-$）の形で吸収しています。窒素をもととするこれらの無機化合物の天然の素材を海で供給するのは、**窒素固定細菌**です。これらの細菌は、海水に溶存している窒素分子（$N_2$）から化合物を生成することができ、それを「固定する」と表現します。これらの化合物は、細菌が死ぬときに海水中に放出され、それによって一次生産者に利用可能となるのです。

光合成をする海洋生物には、リンも必要です。リンはDNAの主要な構成要素である核酸の合成を含む多くの重要な生物としての機能に必要なものです。海洋のリンは、自然では、陸上の岩石と土の浸食によって供給され、川から海に運ばれ、その多くは溶存リン酸イオン（$PO_4^{3-}$）の形で存在しています。海洋の光合成生物は、それを容易に吸収することができます。

無機の窒素とリンのそれぞれの化合物が、海洋の一次生産

者のもつ大きな有機分子の中に取り込まれます．それらの有機分子は，続いて一次生産者が海洋生態系のより高次の栄養段階の生物に食べられると，食べた生物にとって利用可能となるのです．

　無機の窒素とリンの化合物は，深海の海水中に豊富に存在しています．ここでは，常に雨のように表層から沈んでくる死んだ生物由来の有機物を，細菌が分解し，無機の窒素とリンの化合物を海水中に戻してリサイクルしています．海洋の上層がよく混合されて層になっていないときは，栄養塩に富んだ深層水は有光層の中で混合され，海表面に豊富な栄養塩を供給します．しかし，水温躍層があると，それが障壁となり，下方の深層水からの栄養塩の再利用が妨げられます．このような環境下で，しかも光の量が制限されずに光合成がどんどん進むと，光合成生物は水温躍層の上方の表層から栄養塩をすみやかに使い切ってしまいます．実際には，無機の窒素とリンの化合物は正確に同じ速さで使い尽くされるわけではありません．窒素かリンの一方が他方より先に枯渇すると，その時点での制限栄養塩になると考えられ，先に減った栄養塩が補給されるまで一次生産者のさらなる光合成と成長を妨げることになります．

　窒素は海洋環境において，最大の律速段階となる栄養塩であると考えられており，特に外洋ではそうであることが知られています．沿岸では，リンが律速段階の栄養塩となります．窒素とリンは海洋環境では相乗的に働くことができ，もし両方が豊富になると，どちらか一方が豊富になるよりも一

次生産の速度がずっと速くなります.

海洋の一次生産者にとっては,鉄が必須の微量栄養素で,植物の成長に必要な硝酸塩の利用を助けています.海洋中にある鉄の一部は,砂漠から鉄に富んだ砂塵が砂嵐によって吹き飛ばされて,はるか遠くにある海まで運ばれてきたものです.大陸の辺縁部にある鉄の堆積は,これ以外の起源によります.全海洋のほとんどの場所に,鉄がある程度の濃度で海水に溶けており,ふつうは鉄は一次生産を制限する要因にはなりません.しかし,外洋のいくつかの海域,たとえば赤道上の東太平洋や南大洋のような海域では,海水中に溶けている鉄の濃度がとても低いため,窒素とリンの濃度が高いにもかかわらず,鉄が一次生産の律速因子となってしまうのです.このような海域は,**高窒素-低クロロフィル(HNLC)海域**と呼ばれています.低いクロロフィル濃度は,クロロフィルをもつ海洋生物の不足を反映しています.

研究者の中には,人工的に鉄をまいてHNLC海域を豊かにし,栄養分に富む海域での一次生産にはずみをつけて始動させると,気候変動を緩和できるかもしれないと考えている人もいます.このアイデアは,一次生産者を大量に発生させることで,大量の二酸化炭素を大気中から減少させるというものです.一次生産者は死ぬと海底に沈み,その組織中の炭素は海底に堆積物となって封じ込められます.言い換えれば,一次生産者は,深海の海底にある長期間の貯蔵庫に大気から二酸化炭素を「ポンプで送っている」といえるのです.

実際に,南大洋の小さな海域を豊かにしようと,研究船から数トンの溶解した鉄を散布する小規模のテストが実施さ

れ，一次生産をこの方法で刺激できることが示されました．しかしこの方法が，いつでも大気中から大規模に二酸化炭素を除去できる地球工学的な実践的方法であるかどうかは，確かではありません．この試みをうまく働かせるには，適切な種類の植物プランクトンが大発生するように刺激する必要があります．その植物プランクトンとは，第2の栄養段階で生物によって食べられないような大きさや堅さがあり，海底に沈む速度が速い大型の珪藻のことです．こういった性質をもっていないと，一次生産者は，炭素を封じ込められる海底まで到達する前に，動物プランクトンに食べられてしまうためです．試みはいままでのところはうまくいっているとはいえず，また，実際に効果が見えるほどの炭素が，植物プランクトンを通して海底に運ばれることが，完全に明らかになっているわけでもありません．そして最終的には，海に大量の鉄を加えることが，完成されている海洋生態系にどのようなインパクトを与えるのか，誰にもわからないのです．このように一連の研究は，一次生産の過程について私たちの理解を深めてはいるものの，人類が引き起こした気候変動を制限する役割を果たせるかといった点ではまだ疑問が残ります．

### 海洋の一次生産力の測定

　一次生産の速度，すなわち**一次生産力**は，全海洋で時間や空間を超えてかなり変動します．一次生産力はしばしば「固定」された炭素（C）のグラム数で表されるか，または平方メートルあたりの海洋表層の有機物に1年間に取り込まれた炭素のグラム数（$gC/m^2/$年）で表されます．

一次生産力を海洋で測定することは，かなり難しい仕事といえます．はじめは**明暗瓶法**(びん)が使われていました．これは，海水を瓶に入れ，明所に置いて一定時間光にさらした後，溶存酸素濃度を測定する方法です．このとき，同じ海水サンプルを，光をまったく通さないように遮光する以外はまったく同じ条件の瓶に入れて，溶存酸素濃度を測定し，比較します．これらの条件下で，明るい瓶に入っている顕微鏡レベルの微小な一次生産者は光合成をし，酸素を放出します（少しは呼吸に酸素が消費される）が，反対に遮光下の瓶の一次生産者は光合成ができず，呼吸に酸素を少し消費します．実験終了時に，この2種類の瓶の酸素含量を測定し，その違いから有機物中に固定された炭酸量を見積もることができるのです．なぜなら，産生された酸素分子の数は有機物中に固定された二酸化炭素の分子数に等しいからです（23ページの光合成の一般式を参照）．この方法を使って，海洋の特定の点における特定の季節の一次生産力を見積もることができるという算段でした．

　結局のところ，明暗瓶法は感度に限界があり，海洋の広い範囲での低レベルの一次生産力の測定で，良好な結果が得られませんでした．そこで，海洋の一次生産力を見積もるために**炭素14法**が開発されました．これは，少量の既知量の放射性炭素14を海水の試料が入った瓶に滴下し，一定時間光にさらす方法です．実際には，有光層のさまざまな深さから採水した海水の試料を瓶に入れ，研究船の上で光にさらして，培養します．光の強度は，採水した水深の光強度になるようにシミュレート（計算から予想）し，光量フィルターを

使って調整します．

　この培養の間，瓶中の炭素 14 のいくらかは，海水試料中に天然に存在していた非放射性の炭素 12 と一緒に，瓶の中の光合成生物によって有機物中に固定されるはずです．炭素 14 はこのように，瓶の中の光合成生物に固定された非放射性炭素の量に対するトレーサーとして働くのです．培養時間が終わったら，瓶の海水を，光合成生物のほとんどが残るくらいの細かな目のフィルターで濾過し，フィルターに残った放射能の量を測定します．フィルター上の炭素 14 の量は，光合成生物によって固定された非放射性炭素 12 の量に比例するので，一次生産力の見積もりができるというわけです．

　明暗瓶法や炭素 14 法のような限局された場所での方法に伴う問題は，試料採取の体制を最大限徹底したとしても，ある特定の時間に，わずかな箇所で，一次生産力を見積もっているにすぎないということです．それゆえに，この方法だけを使って一次生産力の全体像を描くことは困難でした．この問題は，1990 年代の後半に海水面の色を衛星観測できるようになって変わりました．このような衛星はいまでは，全海洋の広大な海域に広がるクロロフィル濃度の測定に日常的に使われています．海水面が緑になるほど，クロロフィル濃度が高くなっており，光合成生物がより多く存在することがわかるのです．全海洋の衛星による測定は日，週，年のスケールで繰り返し行われ，現場での測定と直結させることによって，全海洋の一次生産力の空間的かつ時間的なパターンの総合的理解に大きく貢献しています．

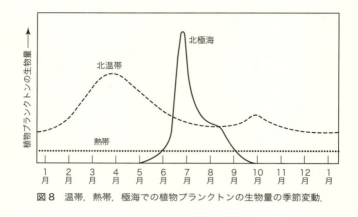

**図8** 温帯,熱帯,極海での植物プランクトンの生物量の季節変動.

## 海洋の一次生産力のパターン

　全海洋の一次生産の全体的なパターンは,緯度に大きく依存しています(図8).極海では,一次生産は光の利用可能性に左右されるにわか景気のようになります.ここでは海洋が1年を通してよく混合されるため,栄養塩が制限されることはまれにしかありません.しかし,極域では冬季に日射がないため,一次生産が起こらないのです.春季には,光量と日長の両方が急速に増えて,栄養塩と日射の両方が同時に無制限になる時季が到来し,一次生産の爆発的な増加(**ブルーム**)がはじまります.この状態は,秋になってまた日射が制限されるようになるまで,数か月間続きます.短い季節的な変化ではあるけれども,一次生産の合計量はきわめて高くなります.特に極域の南大洋では年間の生産力が $100 \text{ gC/m}^2/$年のオーダーになり,場所によってはさらに高くなります.

　熱帯の外洋では,一次生産は1年を通して低いレベルで起

きています．ここでは日射は制限されませんが，永続的な熱帯の水温躍層が深海の富栄養の海水と表層の海水との混合を妨げているため，有光層の栄養塩は永久に低いレベルにとどまり，1年を通して一次生産力が低レベルに抑えられています．そのため，熱帯の外洋の海水はしばしば「海の砂漠」といわれ，一般に約 30 gC/m$^2$/年以下というその生産力は，大陸の砂漠に匹敵するほど低いのです．

　温帯の外洋では，一次生産力は季節と密接に関係しています．冬には，海表面は冷たく，水温躍層はなくなり，強い風が海洋の表層の混合を助けています．これにより表層の海水は深海の富栄養の海水とよく混じり合うのですが，日射レベルは冬には低く，一次生産は低いレベルに抑えられます．春になると日照時間が長くなり，太陽は空高く上がり，日射と栄養塩の両方ともに一次生産を制限しなくなるので，春の一次生産の活発化（ブルーム）が起きます．夏には，日射は強く豊富になるものの，水温躍層が表層水の暖かさで再構築され，富栄養の深層水から有光層が締め出され，栄養塩が有光層に少なくなるため，春のブルームは「崩壊」します．秋には水温躍層がもう一度壊れ，栄養塩は有光層に復活します．もし秋の早い時期にこれが起こってまだ十分な太陽光があれば，栄養塩と光の両方が短期間だけ律速とはならず，秋のブルームが起こり，このブルームはもう一度光が律速因子になる晩秋や冬まで持続します．多くの短期間の変動はあるものの，温帯の海洋での一次生産力は合計で 70～120 gC/m$^2$/年のオーダーとなり，これは温帯の森林や草原と同じくらいの一次生産力です．

最も生産的な海洋環境のいくつかは，大陸棚上の沿岸域にあります．この高い生産性は深く冷たい富栄養の海水を海表面に持ち上げている**沿岸湧昇**(ゆうしょう)という現象の結果であり，500 gC/m$^2$/年以上となる一次生産力にとって理想的な条件をつくり上げています．この環境は，陸上の熱帯雨林や耕された農地に匹敵するものです．これらの海洋の生産力の特に高い場所，ホットスポットは，地球の自転と風との協同によってつくられます．

　この現象は次に説明するように，海洋物理学の基礎で説明することができます．風は，海面の上を安定して吹くとき，海洋表層を風の方向に流れるように駆動します．この移動する海水の一番上の層は，その下にもうひとつの流れる層をつくります．この下の層は，上の層よりもわずかにゆっくりと流れます．このように次々と，海水面からウォーターカラム（水柱）を下に向かって，風のすべてのエネルギーが海水を動かすことに使われてしまうまで，風は海水を動かしていくのです．しかし，地球の自転は，**コリオリ効果**として知られる現象をつくり出し，この効果によって，水塊のそれぞれの流れは北半球では右側に，南半球では左側にわずかに曲げられます．この現象は**エクマンらせん**と呼ばれる特徴的な海水の流れのパターンをつくり出しています．エクマンらせんの正味の効果は，風による流れのすべてを鉛直方向に平均したときの流れの向きが，海面付近の風の向きに対しておおよそ90度になることです．そこで，北半球では風向の右側へ，南半球では左側へ流れが曲がるのです．この風の向きの右あるいは左への水の正味の流れは，**エクマン輸送**として知られ

ています.

　沿岸の湧昇は,卓越風(ある地方である時季に頻度が高い風向の風)が大陸辺縁におおよそ平行した向きに吹き,沖に向かってエクマン輸送が生じるときに起こります.沿岸湧昇は特に,大陸の西海岸に沿って生じやすく,南半球では,ほぼ南から規則的な風が大陸の西側の辺縁部に沿って吹くとき,海面下100メートルくらいの表層の正味の流れが,エクマン輸送によって,沿岸から西向きに沖合へと離れていきます(図9).こうして移動してしまった表層の水塊は,下の層から水塊が上がってきて置き換わるだけです.もし湧昇が

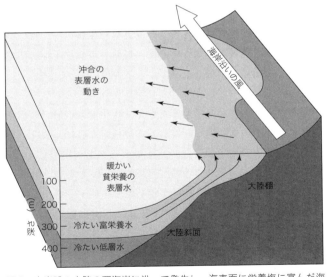

図9　南半球の大陸の西海岸に沿って発生し,海表面に栄養塩に富んだ海水を運ぶ沿岸湧昇.

水温躍層のある深さの真下にある水に由来するならば，置き換わった海水は冷たく栄養分に富むことになります．同様に，北半球では，規則正しい風が大陸の西側の辺縁部に沿って北から吹くとき，海水の表層が岸から平均して西向きに沖合へと離れていき，沿岸湧昇の条件をつくり出します．沿岸湧昇はそれを引き起こせるだけの風が吹くかどうかによるので，季節性あるいは一時的に起きる現象となる傾向があり，また湧昇の強さは風の強さによって決められるのです．

全海洋で，重要な沿岸湧昇の海域としては，北半球ではカリフォルニア，オレゴン，北西アフリカ，西インド沿岸，南半球ではチリ，ペルー，南西アフリカの沿岸があります．これらの海域は地球上で最も生産力の高い海洋生態系の中にあります．湧昇が起きているとき，冷たい富栄養の海水は，大型の珪藻類と渦鞭毛藻類を中心に，植物プランクトンの異常なまでの大増殖を刺激します．

全海洋を全体として考えるとき，一次生産の合計は炭素に換算して1年あたり約500億トンと見積もられています．一方，陸上植物の生産の合計は，衛星データを利用して，1年あたりこれも520億トン付近と見積もられます．このように，地球の一次生産の合計は1年あたり1兆トンを少し超えるくらいですが，そのうち約50％は海洋由来なのです．しかし，陸と海のシステムはまったく異なる様式で一次生産をもたらしています．海洋の一次生産は広大な海表面にわたって広がっているので，海表面の面積あたりの平均生産高は陸よりもずっと小さくなります．また，海洋の一次生産のほと

んどは，短命で繁殖が速い顕微鏡で見えるレベルの微小な生物によってもたらされていますが，それは陸上の一次生産が，目に見える大きさで，しばしば長寿命な木々，低木，草によることとは対照的であるといえます．

**エルニーニョの南方振動**

　南アメリカの西海岸沖の湧昇は地球で最も生産性のある漁業のひとつを支えています．それはペルーのアンチョベータ（ペルーカタクチイワシ）漁業です．ペルーの漁師はエルニーニョ（El Niño，スペイン語で子どもを意味する．クリスマスの頃によく起きるため，キリストに敬意を表してこのように呼ばれる）という現象を昔から知っていました．エルニーニョの間，海表面は異常に暖かくなり，魚や海鳥は死に，アンチョベータ漁は漁獲量が減るか壊滅し，クジラ，イルカ，アシカ類も消えるのです．

　私たちはいまでは，これは**エルニーニョの南方振動（ENSO）**と呼ばれ，まだ十分に理解されていないものの重要な地球規模の現象の一部であることを知っています．ENSOは太平洋の大気圧の逆転または振動と結びついています．ふつうは，太平洋東部のイースター島付近の上空に高気圧が居座り，太平洋西部のインドネシアの上に低気圧が居座ります．この気象条件では，太平洋の貿易風が東から西へ強く吹き，ペルーのアンチョベータ漁を支える沿岸の湧昇流がつくられます．しかし，エルニーニョ現象の間は，この気圧配置が何らかの理由で逆転し，貿易風は弱くなり，太平洋の西部から暖かい海水が東に向かって流れるようになり，アン

チョベータ漁を支える湧昇システムが弱くなるのです．アンチョベータがいなくなると海鳥が死に，アンチョベータを日常的に食べていた海産哺乳類は，いつもの餌場を離れます．エルニーニョはふつう，1年以内に終わりますが，深刻なエルニーニョは数年間も持続することがあります．深刻なエルニーニョ現象が1972～73年，1976年，1982～83年，1997～98年に起こり，その影響は地球規模に広がりました．カリフォルニアと南アメリカ西部は例外的な豪雨を経験し，逆にオーストラリア，インドネシア，アフリカの一部は深刻な干ばつを経験しました．異常な天気と関連して起こる洪水，凶作，山崩れ，そのほかの自然災害は，非常に大きな犠牲を伴い，巨大な損失と多くの死の原因となるのです．

**海洋システムを通るエネルギーの移動**

　珪藻類や渦鞭毛藻類のようなより大きな一次生産者は，海洋において，典型的な「食うか食われるか」という**生食連鎖**（食物連鎖のひとつ）の土台を形成しています．植物プランクトンの細胞はより大きな草食動物に食べられますが，特に，どこにでもいる**カイアシ類**は動物プランクトン性の甲殻類の重要なグループです．カイアシ類は体長1～2ミリメートルで，前方の附属肢を使って，口のほうへ流れるように水流を発生させ，次に口の附属肢の上の小さな毛が植物プランクトンを濾過し，さらに後方の附属肢を使って非常に効率的に植物プランクトンを食べるのです（図10）．動物プランクトンは，小さな魚やほかの海洋生物，クラゲのような生物に食べられますが，それらはより大きな捕食者となる大型の

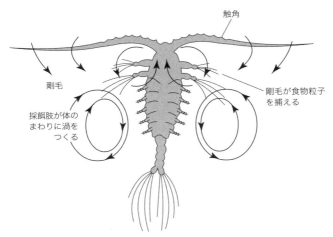

図 10　カイアシ類の採餌機構.

魚，海産哺乳類，ウミガメ，海鳥のような海洋動物によって食べられます．

　高い生産性のある沿岸湧昇域で，動物プランクトンがいつも食物連鎖の中の重要な位置にあるわけではありません．小さな魚が（動物プランクトンを介さずに）大型の植物プランクトンを直接食べることができ，この小さな魚がより大きな魚や海鳥に食べられる場合もあるからです．これはとても短くかつ効率的な食物連鎖になります．また，高い生産性がある沿岸湧昇域は，膨大な量の小さな魚を捕獲するペルーのアンチョベータ漁業のように，人間が十二分に利用できる海域にもなります．

　しかし先に述べたように，海洋の一次生産のかなりの部分は，微小で浮遊性の**細菌プランクトン**として知られる光合成

細菌によって生産されています．体が小さいため，細菌プランクトンは，ほかの小さな100マイクロメートルくらいの単細胞生物に文字通り飲み込まれるか，または貪食されます．この単細胞生物というのは，海水1ミリリットルあたり約1000個の密度を占めている鞭毛虫類や繊毛虫類と総称される生物のことで，この段階が海洋に特有の主要なエネルギーの移動を代表しています．そして，鞭毛虫類と繊毛虫類は動物プランクトンに食べられ，生食連鎖に入ります．

　光合成海洋生物によって生成されるエネルギーの多く，おそらく約4分の1は，実際には，生物自身の直接消費を通して次の栄養段階に転送されているわけではありません．海洋は大量の**溶存有機物（DOM）**を含みますが，それは光合成生物の細胞から海水中に漏れ出たものです．**ウイルス**はこの漏れの多くの原因だと考えられています．ウイルスは海洋で群を抜いて豊富な「生命体」であり，海水1ミリリットルあたり1000万個ほどの驚くべき密度で存在しています．ウイルスは生命維持と複製のために宿主となる生物に感染して侵入しなければならず，細菌プランクトンと植物プランクトンは利用できる宿主の典型なのです．ウイルスの感染は，宿主細胞の死と分解をもたらし，それが海水中に多量のDOMが漏れ出る原因になっているようです．

　この溶存有機物は，これをエネルギー材料として使う非光合成従属栄養細菌に直接吸収されます．これらの細菌は次に，鞭毛虫類や繊毛虫類のようなほかの微小生物によって消費され，それから，微小生物はカイアシ類をはじめとするより大型の動物プランクトンに捕食されます．このように

DOMは，かつては捨てられた海洋のエネルギー資源であると考えられていましたが，リサイクルされて生食連鎖に戻るのです．このエネルギー転送の経路は**微生物ループ**として説明されます．

動物プランクトンが排出する膨大な数の小さな糞の塊は，死んだ植物プランクトンと動物プランクトンの分解物の残りと一緒になって，海洋の**粒状有機物（POM）**の莫大な蓄積を生み出し，それはエネルギー転送のさらにもうひとつの重要な経路の基礎，すなわち**腐食連鎖**（食物連鎖のひとつ）をつくっています．POMの中には，動物プランクトンに消費され，その後生食連鎖にリサイクルされて入るものもあります．残渣は海底に沈み，海底に生息する底生生物の食料となっていて，それらの生物も海底にすむ魚やほかの捕食者によって食べられています．

まとめると，海洋における一次生産のエネルギーはさまざまな長さのいくつかの異なる経路を経て，より高次の栄養段階に流れています（図11）．エネルギーのいくらかは，経路を通る間にそれぞれの栄養段階で失われ，ある栄養段階から次の栄養段階へのエネルギー転送の効率は平均して10％程度です．したがって，経路が短いほど効率的になるのです．これらの経路を経て，エネルギーは最終的には魚，海産哺乳類，ウミガメ，海鳥のような大型の海洋生物である消費者に転送されます．これらの経路はすべて，明らかに海洋生物ではないヒトによって，ヒト自身の必要性のために，最後にはヒトによる捕獲の標的とされるのです．

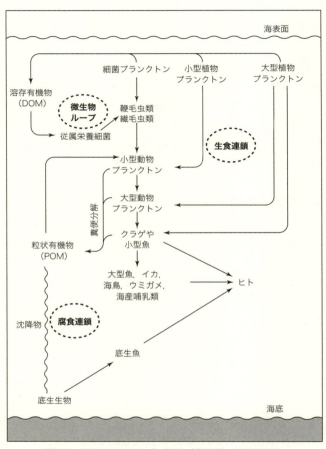

図 11　海洋でのエネルギー転送（食物網）の主要経路.

# 第 3 章
# 沿岸の生物

　全海洋の**沿岸域**は，海岸線から大陸棚の縁まで広がり，海としては狭くて細長いところです．そして全海洋の面積の約 7％しかないので，海としては比較的小規模の環境ですが，人間社会にとってはたいへん重要な海です．

　いまのところ，およそ世界人口の 60％にあたる 40 億人以上が，沿岸から 100 キロメートル以内に集中して生活しています．人々が沿岸海洋に近い都会にどんどん移り住んでいるため，その人口は急速に増えています．21 世紀の終わりまでには，世界最大規模の 15 都市のうち 13，すなわちほとんどの都市が，沿岸近くにあるという状態になると予想されています．

　海と人間社会とは密接に関係し，人間活動は沿岸海洋に重

大な影響を与えています．工業や農業がもたらす汚染，人間や動物が排出する汚水，油の漏出など，人間社会がつくり出すたくさんの副産物が，沿岸海洋の環境に流入しています．沿岸域は漁業がさかんであり，私たちが食べる海産物の自然の漁場です．また，養殖漁業も活発で，養殖した海産物を私たちに供給してくれる場です．その一方で，養殖場では食べ残した餌や分解されなかった糞（ふん）が海底に溜まり，ヘドロになって残ります．さらに，私たちは沿岸海洋から，石油や天然ガスなど，生活に必要なエネルギー資源も大量に得ています．

　陸に近く，浅い海であることが利点となり，沿岸海洋では，小型の研究船を使い，スキューバダイビングをしたり，係留型の海洋観測機器を使ったりして，海水温，塩分濃度，光量，潮流などの海洋環境因子を観測し記録することが比較的簡単にできます．このようにして，沿岸の生態系の機能，沿岸の海洋生物の生物学について，たくさんのデータが集められてきました．これらの海洋の情報は，今後40年で急速に人口が増加すると予想される中で，沿岸海洋の管理のあり方についてヒントを与えてくれるでしょう．

### ケルプの森の生物群集

　ケルプの森は，海岸に近くて浅い磯に見られる大きな生物群集です．温帯の海水温が20℃以下の沿岸域がおもな生息地になります．特に，沿岸の湧昇（ゆうしょう）域では，低温で栄養塩に富む海水であるために大きなケルプの森が見られます（図12）．

　**ケルプ**とは，褐藻類の1種でコンブと同じくコンブ科の海

**図12** ケルプの森の世界分布．地図上の名前は，その地域で最も数が多い優占種となるケルプの属名である．

藻です．特に大型の海藻のことを指し，ケルプの森はこれらが密に集まり，森のようになっているところです．海の光合成生物の大部分は微生物かプランクトンである中で，ケルプは光合成生物としては巨大です．ケルプは**付着器**という根のような構造物で海底にしっかりと付着しています（図13）．ケルプは海藻であり，植物ですが，植物がふつうもっている導管はもっていません．導管は根から吸収した栄養分を体全体に運ぶための特別な管ですが，ケルプの付着器はただ付着するだけの構造しかなく，根としての役割は果たしていません．その代わりに，ケルプの体全体で，栄養塩，水，二酸化炭素を直接周囲の海水から吸収しています．

ケルプの生活環は，海底に落ちた顕微鏡で見えるレベルの小さな胞子からはじまります．胞子は**配偶体**と呼ばれる雄性か雌性いずれかの小さな顕微鏡レベルの個体に成長します．

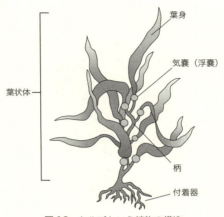

図13 ケルプという植物の構造.

ケルプの生活環の中で配偶体の時期だけが,雌雄の性に分かれています.雄性の配偶体は精子をつくり,精子は海中に放出されて雌性の配偶体の表面に出ている卵と受精します.受精卵は**胞子体**に成長し,それがケルプと呼ばれる大型の海藻に成長します.大型の海藻のときは胞子体なので,次世代となる多数の胞子を放出します.このようにケルプの生活環は配偶体と胞子体からなり,1〜2年ほどでひと回りします.

ケルプの森は生産力の高い環境です.光が届く明るい条件では,ケルプは非常に速く成長することができ,なかにはかなり大型になる種もあります.たとえば,ジャイアントケルプ(和名はオオウキモ,*Macrocystis*)は世界中のあちこちの沿岸に繁茂していますが(図12),1日あたり30センチメートル以上の速さで成長し,1年も経たないうちに30メートル以上の高さまで達します.ジャイアントケルプは,その上

の部分が水面の直下に密集し、陸上の森の木々の葉が高いところに生い茂っているのと同じように、キャノピー（林冠）と呼ばれる構造をつくっています。もしあなたが海底に立って周囲を眺めたら巨大な森のように見えるでしょう。そして、ケルプは気体のつまった浮囊（浮きぶくろのようなもの）をもっているため、海底から海面まで、水中でも木のようにピンと立っていられるのです。

　ケルプの森はさまざまな海洋生物が生活できる基盤を提供しています。さまざまな生物が、ケルプの表面に付着したり、付着器のすきまに潜ったりして生活しています。ケルプは、私たちが漁業で獲るような海産物も含め、たくさんの無脊椎動物や魚の隠れ場所となったり、餌を提供したりしているのです。

　ケルプを食べる主要な植食者は、**ウニ**です。主要とはいっても、実際にウニが直接食べているのは、ケルプの生物量の10％程度です。例外的に大量のウニが存在するような環境では、その限りではありません。ケルプが枯れると、ウニや場所によってはアワビなどのさまざまな動物に食べられ、ケルプの体のエネルギーはケルプの森に還元されます。そして次にウニが、ヒトデ、巻貝、タコ、イセエビ、カニ、魚などの捕食者に食べられます。北太平洋では、ラッコもウニを食べています。

　長期にわたる研究によって、ケルプの生物群集は、実際には崩壊が速くて不安定な生態系であることがわかってきました。ケルプの森は異常なほど暖かい海水にさらされると、深

刻なダメージをこうむります．これは，気象条件によって，深いところから沿岸域にくる冷たい海水の湧昇が抑えられてしまった場合に起こります．ケルプの森はまた，嵐で発生した大きな波によってずたずたに引き裂かれたり，付着器ごと引き抜かれたりして崩壊しやすいところがあります．このような嵐は，深刻なエルニーニョ現象が発生するときと同じ頃に起きることが知られています．嵐のあと，その場所に残ったウニは，ふたたび群集をつくろうとしている若いケルプを食べてしまいます．それがケルプの森の復活を妨げ，いわゆる**ウニ磯焼け**をつくり出します．名前からわかるように，磯焼けはウニが多くなり過ぎて淡褐色になった環境のことを指し，生産力は低く，ケルプの森の特徴であった豊かな生物の多様性は見られません（図14a，14b）．

ウニによる磯焼けは長い間続きますが，やがて自然に，ウニが大量に死にはじめます．これがきっかけとなり，ウニに食べられなかった若いケルプが残るようになり，ケルプの森の復活が見えてきます．ウニの大量死の原因は，別の嵐がやってきてウニの集団が壊滅したか，あるいは，異常に高い水温になったためにウニが弱り，病原菌に感染しやすくなって病気が広がったためと考えられます．

また，人間の介入がおもな捕食者を大発生させた場合も，ケルプの森は深刻な影響を受けます．**ラッコ**はかつて，北太平洋の海岸線に沿って北海道からメキシコ最北の州であるバハ・カリフォルニア州までの沿岸域で，ケルプの生物群集の中に数多く見られ，合計で数十万頭が生息しているとも見積

**図14a** 典型的なケルプの森.

**図14b** ウニによる磯焼けで変わり果てたケルプの森.

第3章 沿岸の生物

もられていました．ラッコは，海産無脊椎動物のアワビやカニなどとともに，ウニを好んで食べる動物です．ウニを食べることを通して，ラッコはウニによるケルプの食害を減らし，ケルプの森の生物群集が安定して維持できるようにひと役買っているのです．もしラッコがこのケルプの生態系からいなくなると，ウニの数が異常に増加し，ケルプの森の食害が深刻になり，ウニによる磯焼けとなってしまうでしょう．この理由から，ラッコは**キーストーン種**といわれています．キーストーン種とは，個体数は多くなくとも，海洋生物群集をつくる基盤となったり，群集を維持したりする根本的な役割をもつ生物種のことです．

　ある貝塚の調査から，2000年以上前，アリューシャン列島の先住民アレウト族の漁民が多数のラッコを獲ったことが原因となり，この地域の沿岸の生物群集がケルプを**優占種**（最も数が多く，その生物群集を代表する種）とする群集からウニを優占種とする群集へと変化したことが明らかになりました．1700年代から，ラッコの毛皮を手に入れるために毛皮業者が大規模なラッコの捕獲をはじめ，1900年代初期までに，すべてのラッコの生息地を通して，遠く離れた場所にいたために残った数千頭のラッコが残るだけとなりました．このラッコの減少は，アリューシャン列島やアラスカ，カナダなどの沿岸域に広大な磯焼けを引き起こしました．

　1990年代初期から，ラッコの商業的捕獲のほとんどが禁止され，保護活動がはじまり，生き残ったラッコの個体群はもともとの生息地であったいくつかの場所に移されました．

生物群集のキーストーン種として以前のように定着させることを目的とする**再導入**がなされたのです．このような努力の結果，ラッコの個体数は以前の 3 分の 2 となる約 10 万頭にまで回復しました．そしていまではラッコがたくさんいる海域で，以前のようにケルプが優占種となる状態が戻ってきています．

　カリフォルニア沖のケルプの森は，1900 年代初期から人々に刈り取られてきました．通常，船を使ってケルプの森へ行き，ケルプの上部の数メートルくらいを巨大な「生垣バリカン」で刈り取るのですが，この方法ならケルプの生物群集はそれほどダメージを受けないようです．昔は，ケルプは爆薬や肥料を製造する材料となるカリウムを採取するために使われていました．いまではケルプは，さまざまな食物を濃縮し安定化するための添加物，アルギンの主要な材料として広く使われています．

### 藻　場

　**海草**は海の生物群集のもうひとつの重要な基盤となっており，温帯，亜熱帯，熱帯の浅い海の砂や泥の海底に広く分布しています．海草はケルプと違って花を付ける植物ですが，ケルプと同じく海中に完全に沈んだ状態で生きられる植物です．花を付ける陸上植物が進化する途中で，海洋環境へふたたび進出したのが海草です．

　海草はケルプの付着器と似た構造をもっていますが，これは本当の根であり，維管束もあり，生えている海底から栄養分を吸収します（図 15）．葉は長くて薄く，しなやかな刃物

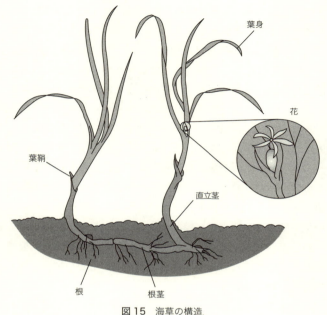

図 15 海草の構造.

のような形で，ふつうは約 10〜50 センチメートルの長さですが，なかには葉の長さが 1 メートルにもなる種もあります．海草は海底に根茎を伸ばして新しい体をつくり，集団をつくり出します．海草は有性生殖をし，花粉は潮流によって花から花へと運ばれ，また種子は流れによって散らばっていきます．

海草は浅い海の海底を広く覆っており，生産力はかなり高いといえます．葉身は 1 日あたり 1 センチメートルほど成長し，絶え間なく落葉して入れ代わります．海草は青々と茂

り，海底を 1 平方メートルあたり数千枚もの葉で覆い，巨大な藻場を形成します．この**藻場**(もば)は水深約 10 メートル以内のところが最も豊富にありますが，40 メートルくらいの深さでも藻場ができ，とても透明度の高い海水なら水面からそれを見られることもあります．海草の中でも，温帯域ではアマモ *Zostera* が広く分布しており，熱帯域ではリュウキュウスガモ *Thalassia* が代表的です．

　海草は複雑な生態系を築く基盤となります．海草の葉の表面には，粘液を出し殻をもつ巻貝などのさまざまな種類の動物が多く群がっており，根の間には，二枚貝やゴカイのような穴を掘ってすむさまざまな動物が見つかります．これらの動物たちには，水産物として重要な魚やそれ以外の動物が含まれ，私たちの豊かな食料源となっています．

　温帯では，堅くて細長い海草の葉を直接食べることができる生物はほとんどいませんが，ハクチョウ，ガン，カモのような鳥は例外で，葉を食べるこれらの鳥が多くなると，広大な藻場を食い荒らしてしまうことがあります．海草の枯れた葉や根は，微生物と菌によって分解され，微生物，ゴカイ，カニ，クモヒトデ，ナマコなどの**デトリタス食者**（海産動物の糞やプランクトンの死骸などの懸濁物を**デトリタス**といいます）たちに食べられます．熱帯では，ウニが海草を食べるので，ウニが大発生すると海草が繁茂する藻場が丸裸になります．

**アオウミガメ** *Chelonia mydas* も海草の葉を食べるので，

熱帯の海草のいくつかはタートル草と呼ばれています．アオウミガメは海で交尾し，雌は自分が孵化した砂浜に戻って卵を産みます．雌は乾いた砂浜に穴を掘り，そこに卵を産み落とし，産み終わるとその卵に砂をかけ，海に戻っていきます．繁殖期の間，雌は数週間おきに何度も浜辺に戻り，その都度，産卵します．卵は2か月以内に，たいてい夜のうちに孵化し，孵化したばかりの子ガメは，慌てふためくようにしてすぐに海へ向かいます．子ガメは生まれた砂浜の近くの海で生活し，餌を食べて成長します．彼らは成熟すると，産卵のために浜辺に戻る準備ができるまで，海草が繁茂する餌を食べる場所と，産卵する浜辺との間を**回遊**するようになります．この回遊は，かなり長距離になることがあり，たとえば，あるアオウミガメの集団はブラジルの沿岸伝いに海草を食べていますが，2300キロメートルを移動して，南大西洋の中央にある小さなアセンション島の浜辺で産卵します．カメは太陽の角度，波の方向，においを使って，アセンション島を目指すのです．

　世界的に，アオウミガメの肉が食用にされたためにたくさんのアオウミガメが獲られ，卵も食用として浜辺の巣から持ち去られています．その結果，アオウミガメの個体数は激減しており，たとえば，17世紀に5000万〜1億匹のアオウミガメがカリブ海に生息していましたが，いまでは30万匹に減っていると推定されています．アオウミガメの数が少なくなくなっているため，餌である海草に与える影響は小さくなっています．過去には海草を食べる植食者であるアオウミガメが膨大な数いたために，アオウミガメが藻場を貧弱にし，

それによって海草が生息地を広げようとする種間競争の力が弱くなり，明らかに数種類の海草が共存できるようになりました．アオウミガメがいないと，藻場の生態系では，一般に1種類の優占種だけになることが多くなります．

　マナティーとジュゴンは大型の海産哺乳類で，海草を食べます．ジュゴンはインド洋および太平洋の暖かい海に生息し，マナティーはカリブ海，メキシコ湾および西アフリカの沿岸沖に生息しています．オーストラリアのジュゴンはアオウミガメと同じように藻場と関係していることがわかっています．植食者のジュゴンの群れは，藻場の海草を食べて藻場をまばらにしますが，より多くの種類の海草が共存できる状況になり，若いジュゴンがより栄養に富む海草を食べられるようになります．これはジュゴンが藻場を豊富な栄養分になるよう「栽培」しているともいえます．

　海草は人間社会にとっても有用です．沿岸の集落の中には，海草の種子や根茎を食べるところもあり，また海草が物を包むために使われたり，地元産の肥料として使われたりします．海草は海底の堆積物を保持して流出しないようにする効果があり，海底を安定化し，海岸の浸食を防ぐことにも役立っています．藻場はまた，多くの水産有用魚や，二枚貝，カニ，エビ，カキなどの水産有用種の無脊椎動物が餌を採る場所であり，これらの海産動物の子どもが育つ場所でもあるのです．

　それゆえに，海草の藻場が深刻になるほど減少していることは世界的な問題になっています．2003年に，地球上にあ

る藻場の15%がその後10年間で消失すると見積もられました．この原因の多くは沿岸開発が進んで海底を掘削したために流れ出た大量の泥が，海草を覆い尽くすほど藻場に流れ込んだためです．藻場は，船のプロペラや錨でもしばしば引き裂かれています．

明らかに，私たちは藻場をもっとずっと大切にし，保全のために必要な方策を進めるべきです．この方策とは，沿岸開発から大切な藻場を守り，レジャーボートで遊ぶ人々に，藻場が広がる浅い海を通らないように，また藻場に錨を降ろさないように教えることです．海底への影響を最小限にとどめるような，海草に優しい船の係留方法が奨励されている場所もいくつかあります．

## やわらかい海底の生物群集

全海洋の沿岸域には砂や泥の海底が広大に広がっています．これらの海洋生物の生息地は，特に浅い海ほど，潮流と波の動きに強く影響されます．砂の海底は，流れがあって細かい泥の粒子が簡単に運び去られ，粗い砂の粒子が後に残った場所にできます．泥の海底は，流れがほとんどないために細かい粒子が運ばれず，そこに残った場所にできます．どちらの海底も，植物がほとんど成長せず，動物がこれらの場所を支配しています．

やわらかい海底の生態系にすむ動物のほとんどは海底に潜っていて，**内生動物**あるいは**埋在生物**と呼ばれます．やわらかい海底の大部分には，さまざまな種類の二枚貝とゴカイが生息し，内生動物の多くが海中を漂っているプランクトンや

小さな死骸の粒子を濾過する**懸濁物食者**です．懸濁物食者の二枚貝は，巣穴から海底面まで長い水管を伸ばし，海底面に浮遊している餌を吸い上げます．懸濁物食者のゴカイは，巣穴の管に入っており，しばしば巣穴から触手を出して広げ水中の懸濁物を濾過して餌を食べます．一方，海底に潜っている二枚貝とゴカイの中には，**堆積物食者**もいます．彼らは堆積物を直接吸い込み，消化器官を通過している間に，堆積物に混じっている有機物や微生物を消化して栄養分としています．

しかしながら，やわらかい海底の生態系を構成している生物のすべてが，海底に潜っている動物というわけではありません．なかには，いわゆる**表生生物**，すなわち海底の上で生活しているクモヒトデ，ウニ，ヒトデ，ナマコ，カシパン，巻貝，カニ，エビも生態系を構成している生物もいます．表生生物の多くは，海底に沈殿して積もった堆積物の表面にある有機物を食べたり，堆積物を吸い込んで中に含まれている有機物を消化したりして，餌としています．懸濁物食者と堆積物食者以外の生物，たとえば巻貝，カニ，ヒトデは捕食者であり，生態系の生物を食べます．

やわらかい海底の生物群集を構成する埋在生物や表生生物たちは，海底の表面あるいは海底付近の海中にいる魚に食べられることでその魚たちを養っています．それらの魚には，ガンギエイ類とアカエイ類，および多くの水産有用魚，すなわちコダラ，スケソウタラ，メルルーサ，タラや，そしてヒラメ，オヒョウ，シタビラメなどのカレイ目などの魚がいます．海底とその付近で生活する魚は，**底生魚**または**底魚**とし

て知られ,多くの場合,漁網を海底まで下ろして船で引っ張り,海底の表面の堆積物ごと獲る底曳きトロール漁法で捕獲され,そして,私たちの食事に大切な食材となります.

## 沿岸のデッドゾーン(死の海)

　沿岸の海洋生態系の多くは,海洋生物の生息場所に,人間社会の活動が原因となって生じる過剰な栄養塩が流れ込むことによって,大きなストレスにさらされています.この過程は**富栄養化**と呼ばれ,そのおもな元凶は,窒素とリンを含む化合物です.

　**窒素循環**は人間がかかわって最も変化させた栄養塩の循環系のひとつです.陸上では,窒素をおもに含む肥料は,土壌の生産性を維持し,穀物や牧草の収穫量を増やすことに使われますが,そのことが窒素による海洋汚染のおもな原因となっています.農耕地にまかれた窒素化合物のいくらかは,農作物に取り込まれず,雨によって土壌から小川や川に染み出し,ついには海に流れ込むのです.また,牧畜業の牧草生産では,牧草の成長を高めるためにしばしば窒素を含む肥料がまかれます.牧草を食べた家畜の尿は,極端に高い濃度の窒素を含み,その多くは雨が降ると小川や川に流れ込み,それから海に出ていきます.農耕地や牧草地から出てくる窒素の多くは,硝酸塩の形をとっています.ほかの窒素による海洋汚染の原因は,私たちの生活からの廃棄物であり,化石燃料や,木や農作物から出た有機性廃棄物などのバイオマスを,燃やす間にできる窒素も汚染の原因です.これらの空気中の窒素は酸性雨に含まれる硝酸となって川や海に降り注ぎ,最

後には海に達します．

　リン酸肥料の利用の拡大が，リンによる汚染のおもな原因です．農耕地に散布されたリン酸肥料の中には，土壌の粒子に付着して小川や川に流れ出る場合もあり，それが海に流れ込む道筋になっています．人と動物が出す汚水は，リン酸化合物のもうひとつの原因であり，山林伐採もまた原因のひとつです．山林伐採では，リンは木の伐採で露出した土壌と，木を焼いてできた灰の両方に含まれ，川に流れ込みます．現在の河川の多くでは，リンの平均濃度が自然状態の 2 倍と見積もられており，最終的には海洋のリン濃度の上昇につながります．

　過剰な窒素とリンが原因となって海の富栄養化が起こると，光合成細菌とプランクトンが大発生します．そして大発生した大量のこれらの一次生産者が死ぬと，それらが腐敗し，海水中の酸素が大量に消費されることになります．もし酸素濃度のレベルが，そこにすむほとんどの海洋生物の呼吸で必要とされる量よりも低くなると，一時的に，または永久に，海は**デッドゾーン**となる結末を迎えます．

　1960 年代以降，全海洋における沿岸域のデッドゾーンの数は，おおまかに見て 10 年ごとに 2 倍ずつ増え，いまでは 500 以上になっています．それらは，英国と等しい面積にあたる海の広さを占めるほどですが，これに驚いている場合ではなく，デッドゾーンは集約農業のように広大な土地で肥料を大量に使う場所の沿岸ではごくふつうになりつつあります．

生物多様性の消失，魚の大量死，地域漁業の崩壊は，すべてがデッドゾーンと結びついています．メキシコ湾に面したルイジアナ州のデッドゾーンは，よく知られている最も大きなもののひとつで，2万2000平方キロメートル以上の面積にわたっており，まだ広がり続けています．季節的な特徴として，おもに春になると，集約農業で耕した広大な農耕地から流れ出る膨大な量の栄養塩がミシシッピ川からメキシコ湾に流出します．自然の海洋生態系全体の崩壊を招くだけでなく，ここのデッドゾーンは，メキシコ湾での漁業およびレクリエーション目的で行われているエビ漁とカキ漁にもマイナスの影響を与えています．ほかのデッドゾーンは，バルト海，北アドリア海，チェザピーク湾などに見られます[*1]．

## 有害な藻類の大発生

　富栄養化は，毒性をもつ海藻が沿岸域でより頻繁に大規模に発生している状況にも，少なからず関係しています．こういった**有害な藻類の大発生（HAB）**は海の色を変えてしまうほどたくさんの藻類が高密度に増えて赤っぽく見えるため，この現象を一般的に**赤潮**と呼びます．

　藻類が大発生して生じる赤潮は，植物プランクトンのわずかな種類しか原因となりませんが，多くは渦鞭毛藻類です．赤潮の原因となる藻類は，その細胞で有害な毒素を産生し，さらに水中に分泌することもできます．毒素は食物網を通して，生物から生物へと移されていきます．最初，毒素は毒性のある植物プランクトンを食べる動物プランクトンに移され，その体内に蓄積して濃縮されます．あるいは毒性のある

植物プランクトンを濾過食する二枚貝，イガイ類，ホタテ貝，カキなどの動物でも濃縮されます．毒素は，さらに食物網の上へ，魚，海鳥，海産哺乳類へと移されていきます．これらのすべての動物が，毒素を摂取すると多かれ少なかれ健康を害し，ときには魚や，海鳥や海産哺乳類などの生物が大量に死に至り，地域の漁業は休止せざるを得なくなります．

　人間が毒素を含む海産物を食べたときに，神経性の障害が起きることがあります．症状は指のうずきと筋肉の麻痺であったり，呼吸器系の障害や下痢，嘔吐，胃のけいれんのような消化管の症状であったりします．このような症状は非常に深刻であり，ときには死に至ることもあります．有毒な藻類が沿岸近くにある場合は，波のしぶきで空気中にばらまかれることがあり，私たちが吸い込むとぜんそく様の症状を引き起こしたりします．

　赤潮などの有害藻類の大発生は自然現象であり，沿岸海洋のありのままの姿です．17，18世紀初期の研究者は，海域の変色を調査しているときに，沿岸域の地元の人々が，毒素をもつことを恐れて，1年のある特定の時期に特定の場所で貝類の採集を避けていることに気がつきました．しかしここ10年で，赤潮などが起きる頻度はずっと高まり，より長期間続き，より広い沿岸域に影響を与えていることが観察されています．たとえば，赤潮現象は，1970年代以降，中国の沿岸では日常的に起きるようになり，毎年10万ドルの被害が生じています．

　赤潮現象が起きる原因は完全にはわかっていません．おそ

らく，赤潮の発生をいち早く見つけて記録し，その状況や海産物の毒性をより詳細に調べていけば，原因の一部を説明できるかもしれませんが，一般的に考えて，赤潮が沿岸域の富栄養化と関係していることはほぼ確かでしょう．また，毒素をもつ海藻類は，船の**バラスト水**の中に入り込んで，港から港へ運ばれることで世界中に広がっています．バラスト水は，船のバラストタンクにポンプで汲み上げた海水で，船の揺れを防いで，航海の間に積み荷を安定した状態に保つ緩衝剤の役割をしています．バラスト水は，ふつうは船が港に荷物を運び終えて軽くなったとき，船の重心を下げるために増やされ，積荷が少ないか無いときにはそのまま残されます．そのため，数百万リットル（数千トン）もの海水が一気にバラストタンクに汲み上げられ，次の港まで運ばれます．次の港で船がより多くの荷物を積むときは，そこでバラスト水が排出されるため，毒性をもつ海藻類も一緒に排出されて種の生息範囲を広げているようです．いくつかの種は寿命の長い包囊（シスト）の段階をもっていて，そのまま何年も海底で生き続け，成長に適するような条件になると，成長が開始され，その後の有害な藻類の大発生を引き起こす原因となります．

## 生物学的侵略（バラスト水問題）

　船のバラストタンクにバラスト水を汲み上げるとき，毒性をもつ藻類だけでなく，沿岸域のほかのさまざまな海洋生物も一緒にポンプで吸い込まれます．船が浅い海にいるときは，海底の堆積物も吸い上げられるので，そこにいるすべて

の底生生物も一緒に吸い上げられ，バラスト水が次に排出されるときに，これらの生物もそこで放たれます．このようにして，本来そこにいるはずのない外来生物が，ふつうは人の手を借りなければ決して持ち込まれない場所に，出現するのです．

　毎年，およそ100億トンのバラスト水が世界中に輸送されており，毎日，何千種もの海洋生物がバラスト水で世界中に運ばれています．船はまた，海洋生物をほかの方法でも長距離輸送しています．それは，木に穴を開けるフナクイムシが木造船の船体にコロニーをつくったり，フジツボや海草のような付着生物が船底にくっついたりして，船ごと運ばれることです．このような生物たちは浮遊性の幼生期をもち，ほかの港で幼生が放出されると，その付近で浮遊しながら分散し，やがて海底に降り，そこに新しいコロニーをつくります．

　こうして侵入してきた**外来種**のうちほんの少ししか，新しい環境では生きていけません．しかしなかには，偶然にも新しい環境に適応し，その場所に先住する海洋生物群集を壊滅させることがあります．これは次の理由によるのでしょう．すなわち，おそらく，それまでの生息地では捕食者や病原菌，寄生生物がいたために適度な個体数に維持できていましたが，新しい場所にはそういった外敵がおらず，侵略してきた種の個体数が増えたという理由が考えられます．あるいは，食料がとんでもなく豊富な環境であったとか，在来種との競争で食料や生息場所の獲得に勝ったという理由もあるでしょう．人間の関与で持ち込まれて外来種となった海洋生物

の例は無数にあります．海草，クラゲ，カイメン，ゴカイ，カニ，フジツボ，ヒトデ，二枚貝，イガイ，カキ，巻貝，魚，さらに多くの生物がこうして運ばれた外来種に数えられます．

　クラゲによく似ているものの分類上は別の動物であるクシクラゲ，ムネミオプシス *Mnemiopsis leidyi* の例は，1980年代に北アメリカ沿岸の海から黒海に，バラスト水で運ばれてきた外来種がもたらした荒廃を大変よく示しています．このクシクラゲは急速に増殖して捕食者がいない環境の黒海にはびこるようになり，魚の卵や仔魚まで含めて動物プランクトンを貪欲に食べてしまい，1990年代の初期までに漁業資源は枯渇し，その地域は大きな経済的損失をこうむりました．そして，その地域で魚を餌としていたイルカが消えたのです．興味深いことに，ほかの外来種のクシクラゲであるベロエ *Beroe ovata* がやはりバラスト水によって侵入してきて，黒海の経済的な損失を和らげることになりました．というのは，1997年前後から，ベロエは黒海で大繁殖しはじめ，最初の外来種をどんどん食べ，その数を激減させたのです．ベロエの集団は，そのあと自分たちの餌が足りなくなって激減し，それ以降，ふたたび魚が増えはじめ，イルカが戻ってくることになります．

　日本のキヒトデ *Asterias amurensis* がオーストラリアへ持ち込まれたことは，外来種が新しい生息地に侵入したときのもうひとつの劇的な忘れられない例です．このヒトデは日本，中国，韓国，ロシアの沿岸域の在来種ですが，1980年

代のある時期に，タスマニアに持ち込まれました．おそらくバラスト水に混じった幼生，あるいは北太平洋から到着した船の船体に付着した幼若体が移入してきたのでしょう．

　このヒトデの個体群は新しい場所で爆発的に増加し，1990年代半ばまでに，タスマニアのいくつかの海では尋常でない密度にまで増えました．たとえば，タスマニアのダーウェント川河口域では，3000万匹，すなわち1平方メートルあたり10匹の密度になると見積もられています．このヒトデは，食欲旺盛な捕食者で，その生息場所にいる生物を，甲殻類からカニ，ウニ，ホヤ，ヒトデまで何でも食べます．そして最終的に，外来種のこのヒトデしかいない海底に変えてしまうのです．また，キヒトデは養殖しているイガイ，カキ，ホタテまで殺してしまうことができるので，その海域の養殖業にとって脅威となっています．

　侵入してきた外来種は，一度しっかりと定着してしまうと，根絶させることは不可能になります．日本から来て広がったこの侵略的外来種のヒトデを人の手で駆除するためにダイバーを雇ったり，わなやドレッジでヒトデを捕獲してそれ以上の広がりを抑えたりしようと試みられてきました．またヒトデを肥料に利用するための商業的な捕獲も行われました．しかし，どの方法も，この海域を元の自然の生態系に戻すことはできませんでした．いまでは，キヒトデを見つけたら報告をしてくれるように地域でキャンペーン運動を進めて，キヒトデがそれ以上広がることを防ごうという方向に向かっています．その後で，根絶する計画に続いていくことでしょう．このヒトデの種はニュージーランドに広がる怖れが

第3章　沿岸の生物

あるため，ニュージーランド政府は，これが見つかったオーストラリアの港で汲み上げたバラスト水はニュージーランドの港で排出してはいけないとする国の法律を制定しました．この種の浮遊幼生がニュージーランドに持ち込まれる機会を減らすことにつながります．

現在，バラスト水による外来種の拡散を制限しようという国際的な努力がなされています．船は，いまでは港に入る前に，外洋でバラストタンクを空にし，外洋でふたたびバラスト水を汲み上げるようにする計画が進行しています．この計画の背景にあるのは，外洋と港の沿岸海洋の環境の違いです．港のバラスト水に入ってきた浮遊生物を，環境が違う外洋で放出すると彼らは生きていけず，代わりに外洋で入れたバラスト水に入ってきた浮遊生物は，次の港の沿岸海洋に放出しても彼らの生存環境に適していないので生きていけないという理由です．残念なことに，すべての船がこの手順を踏んでいるわけではなく，また，荒天の間は，外洋で安全にバラスト水を交換することは簡単ではありません．そこで，いくつかの港湾管理委員会は，汲み出す前に船のバラスト水を殺菌するか，または自然環境に放出する前に，海岸の処理施設にバラスト水を通すという方法を開発しようと考えています．

### プラスチックごみ

過去60年ほどの間に，石油とガスからつくられた**プラスチック製品**は，人間社会にあふれた欠くことのできない物に

なりましたが，廃棄物のおもな原因にもなっています．当たり前のことなのですが，この膨大な量のプラスチックごみは，最後には海洋環境に行き着きます．海洋のプラスチックごみのほとんど（約80％）は，陸地から出ています．膨大な量の廃棄されたプラスチック製品が，直接海に捨てられるだけでなく，下水道設備が満タンになって水が漏れ出したり，豪雨のときに排水溝から水があふれ出たりしたときに，陸地のプラスチックが川を介して海に出ていきます．船とボートも海のプラスチック汚染のもうひとつの主原因で，レジャーボートや商船からさまざまなプラスチック廃棄物を投棄したり，漁船から釣り糸や網などの漁具を大量に捨てたり失くしたりしていることが挙げられます．

　プラスチックごみの最大の問題はその耐久性にあります．プラスチック製品は，錆(さ)びず壊れにくく長持ちするために生活の中で重宝されていますが，その性質ゆえに数百年，数千年にもわたって環境中に存在し続けます．そのためこの半世紀以上の間，海洋のプラスチックごみの蓄積は増える一方でした．いまでは，プラスチックごみはあらゆる海域でふつうに見られるようになりました．海水面にも浮かんでいるし，どんな深さの海底にも沈んでいるし，どこの浜辺や磯にも散乱しています．海洋では，ポリスチレンのようなプラスチック製品は，波の力で細かな破片にまで壊され，ついには，「人魚の涙」と呼ばれることもある5ミリメートル以下の小さな破片「微小プラスチック」になり，海底に沈んで堆積するか，海水に混じるかして存在し続けています．

　世界中の海岸線に打ち上げられたプラスチックごみはぞっ

とするほどの量です．カリブ海の至るところで，海岸線1キロメートルあたりに，かなりの大きさのプラスチックごみが1900〜1万1000個以上も見渡す限りばらばらになって散らばっています．インドネシアでは，海岸線1キロメートルあたり2万9000個以上のプラスチックごみが記録されました．インドネシアとカリブ海のいくつかの海域の海底を調査したところ，典型的な場合，1平方キロメートルあたり数百個のプラスチックごみが散らばっていることがわかり，さらに多いところでは1平方キロメートルに何千個ものプラスチックごみが散らばっていました．海水面に浮遊しているプラスチックごみの量は，船からの目視で定量的に調べられ，すべての海洋にかなりの量の浮遊プラスチックごみがあること，また特に沿岸域では当たり前になっていることが報告されています．たとえば，イギリス海峡（英仏海峡）のある海域では，1平方キロメートルあたり10〜数百個以上の浮遊プラスチックごみが記録されました．膨大な量のプラスチックが全海洋の海洋循環の中にあり，海流の動きによって，浮遊ごみが集まってきて，溜まりつつあります．北太平洋の中央を流れる海流の上で網を使って浮遊ゴミを集める調査をしたところ，1平方キロメートルで，平均33万4271個の驚異的な数となるプラスチック破片が回収されました．この海洋の水の循環は，残念なことに，**太平洋ゴミベルト**と呼ばれることがありますが，実際に見ればその通りだとわかるでしょう．

　プラスチックごみは，さまざまな海洋生物がごみに絡まってしまったり，餌と間違えて食べてしまったりして深刻な害

を及ぼします．数百種のさまざまな生物が，そして非常に多くの個体が，プラスチックごみの被害を受けていることが記録されています．具体的には，ペンギン，アホウドリ，ペリカン，および多くの海辺の鳥です．クジラ，アザラシ，アシカ，ラッコ，マナティー，ジュゴンを含む海産哺乳類，さまざまなウミガメの種もそうです．プラスチックごみに絡む事故は，投棄された漁網やロープ，太くて長い繊維でできている釣り糸，包装用の強固なひも，あるいは6本詰めパックをくくるリングでよく起こります．海鳥とウミガメは，おそらく餌と間違えて，あらゆる種類のプラスチックごみとその破片を日常的に飲み込んでしまっています．たとえばウミガメは，ビニール袋を彼らの餌のひとつであるクラゲと間違えて飲み込み，それが消化管に残って消化障害を引き起こし，ついには死につながります．一方，毒性のある化学物質がプラスチックから漏れ出し，新たなほかの障害を引き起こすこともあります．

　プラスチックごみの問題は非常に深刻で，立ち向かうことに足踏みしてしまうほどですが，海洋環境に入るプラスチックごみの巨大な流れを阻止する方法のいくつかは実施されているところです．多くの国の政府や地域の機関が，プラスチックの海洋投棄を禁止することに同意してきています．しかしながら実施にはまだ問題があり，いまだに，1年に数百トンのプラスチックごみが船から海に投棄されています．また，プラスチックごみの大部分は陸上から来ていることが大きな問題です．プラスチックごみの問題を完全に解決するには，人々が自分たちで出すごみを最小限にし，プラスチック

の再利用やリサイクルをするという方策に取り組み,実際に行っていくことが大切なのです.


(＊訳注1）日本では,東京湾などのアオコ現象が知られています.

# 第 4 章
# 北極と南極の海洋生物学

　北極と南極の極限環境には，海洋生物の豊かな生態系があります．このふたつの極地の特徴は，常に海水が冷たいこと，海が氷床で覆われていること，季節によって極端に日照時間が変わることです．ほかの多くの状況もあいまって，これらの地域はほかとは大きく異なるユニークな海洋生態系を進化させてきました．

**北極海の海洋生物学**
　北極海は比較的狭く（1460 万平方キロメートル），むしろここだけが切り離されたように浅い大陸棚の海が広がっています．まわりはおおむね陸土で，ほかの海に通じるのはたったふたつの海峡しかありません．ひとつは太平洋に通じている非常に狭いベーリング海峡で，70 メートルの深さしかな

く，もうひとつは，大西洋に通じるフラム海峡で，その幅はより広く深さも400メートルあります[*2]．シベリアとカナダにある複数の大きな川が北極海に注ぐと，約20～50メートルの深さに塩分の薄くなった層となって，塩分が濃く密度の高い海水の上を流れます．北極海のほとんどの海底は，河川から膨大な量の堆積物が流出してくるためやわらかい堆積物からなっています．

　北極海の表面水温は，1年のほとんどの間，海水の氷点（−1.9℃）あるいはそれに近い水温であり，そのため，北極海の多くの場所が常に海に浮かんだ海氷の蓋（キャップ）に覆われています．キャップは季節によって広がったり後退したりし，北極の冬の終わりである4月に最も大きくなり（平均で約1500万平方キロメートル），北極の夏の終わりである9月に最も小さくなります（平均で約700万平方キロメートル）．夏の北極海ではその周縁部にある大陸棚でたいていは氷の融解が起こりますが，北極海の中央部分のほとんどは1年中氷に覆われたままです．**多年氷**（たねんひょう）とよばれる海氷は数年間にわたって完全に解けることがなく，厚さは3～4メートルにもなります．ひと冬を越えない海氷は一年氷で約1～2メートルの厚さの氷です．

　この巨大な海氷の塊に生物はいないと思われるかもしれませんが，実は，海氷は，極地の海だけに見られる豊富で多様な海洋生物群集のすみかであり，海洋生物が集まってくる港のような役目もします．そして北極の海の食物網が維持されるための基盤を築く役割を担っています．海氷で生物が生き

られる理由は，淡水でつくられた氷とは違い，海水でつくられた氷は穴がとても多いからです．海氷がつくられるときは水だけが凍るので，海水の塩濃度は濃縮されて高くなり，凍らない小さなすき間が氷の結晶の間にできます．すき間に詰まった高塩濃度の海水はやがて海氷の中を下に落ちていきますが，そのときに顕微鏡で見えるほどの大きさから数センチメートルの大きさまで，大小さまざまな塩水の管をつくり，海氷の中に三次元につながり合った管の網目を形成します．これらの管は**ブラインチャネル（塩水管）**と呼ばれ，氷の下の海水と通じているので，海氷は生物のすみかになって非常に多様な海洋生物群集をもつことができるのです．

　海氷で永久に覆われた場所での一次生産量は，おそらく北極海全体の生産量の50％をも占めています．北極の長い夏の時期には，十分量の日光が氷を覆う雪と氷を通り抜け，氷中とその下の海に生きる一次生産者の生存を支えています．夏のはじめには，光合成をする珪藻と渦鞭毛藻が，氷中や氷の底を覆うほどに多くなります．これらの光合成生物たちは増殖が速く，氷が茶色になるほどです（図16）．微小な光合成生物にとって海氷は唯一の安定した生息場所なので，海氷のある夏の間は一次生産力が最大になります．

　海氷をすみかとする微生物はほかにもたくさんいます．ウイルス，細菌，菌類，原生動物の繊毛虫類，鞭毛虫類がおり，外洋の漂泳層で微生物がつくる微生物ループと似ている発達した微生物食物網があり，北極でも微生物は海洋の有機物の生産と分解の働きをして物質循環に大事な役割をしてい

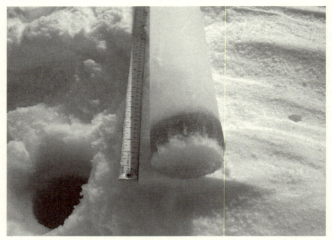

図 16 氷をくり抜くと，海氷中の藻類がいる層が茶色に色づいて見える．

ます．海氷中の光合成生物は，**溶存有機物（DOM）**をブラインチャネルの中に放出し，それは細菌類にエネルギー源として吸収されます．そして次に細菌類は鞭毛虫類と繊毛虫類の集団によって消費されます．

多くのヨコエビ類やカイアシ類のような動物プランクトンは，海水に接する氷の面の付近を泳ぎ，海氷と海水の境にいる生物の集団を食べ，ブラインチャネルに隠れて生きています．通常は海底で見つかる扁形動物や線虫もこの海氷の生物群集で見られます．

海氷の下の生物は，北極の食物網の中でより高い栄養段階につながっている生物です（図 17）．それらの生物は北極タラや氷河のタラのような海氷下で採食している魚類の重要な

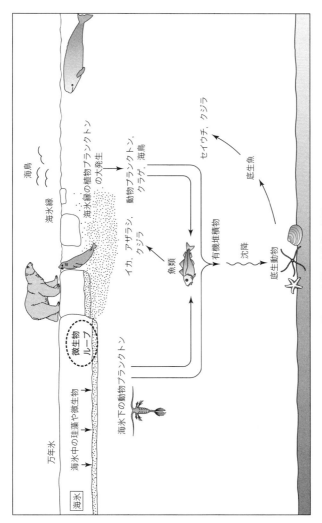

図17 北極の食物網の概要.

餌であり，これらの魚は，今度はイカ，アザラシ，クジラに食べられます．アザラシは北極に生息している2万5000頭ほどのホッキョクグマの重要な餌になっています．ホッキョクグマは，アザラシが呼吸をするために氷に穴を開けて顔を出し，氷の縁に体を乗り上げるときのタイミングをねらって，見事にアザラシをつかまえます．

　夏の間，海氷の縁が融けはじめる頃に，海氷上の微細藻類（アイスアルジー）が海氷の下の海水に流れ出し，植物プランクトンの大発生が起こります．夏が進み，海氷の縁がさらに融けてバラバラになっていくと，植物プランクトンの大発生による極端に生産性の高い場所が，氷の縁に沿って20〜80キロメートルの広さで生じます．セイウチ，アザラシ，イッカク，シロイルカ，セミクジラはこの海水と海氷との境目に多数生息し，海鳥とホッキョクグマもここに多く生息しています．北極の夏の間に，冬にできた数百キロメートルにわたる海氷の縁にできた生物のオアシスは北へ後退し，ここの生物たちも一緒に北へ動いていきます．

　北極の大発生した植物プランクトンの中で食べられずに残ったものは北極の海底に沈み，今度は**ベントス生態系**とよばれる底生生物からなる生態系の餌になります．甲殻類，ゴカイ，二枚貝，クモヒトデは，北極海のやわらかい海底の堆積物の上または中をすみかとしており，特にゲンゲ類やカジカ類のような海底で餌を採る底生魚が大陸棚によく見られます．コククジラや海底で餌を探しまわるセイウチも見られます．

海氷域の内側に穴が開いたように見える場所があります．いくつかは1年中，北極の海氷域の決まった場所に海面が顔を出します．これらの海氷にできた奇妙な穴は**ポリニア**とよばれ，海流，強風，あるいは暖かい水の湧昇が海水面の凍結を防ぐことによってできます．大部分のポリニアは，数平方キロメートルしかありませんが，北極海のポリニアは数千平方キロメートルの広さになります．1年を通して海氷に点々とある穴は，アザラシやクジラなどの肺呼吸をする海産哺乳類のために，呼吸をするための穴を提供します．クジラの中には，秋になると広がりはじめる海氷を避け，南に向かう回遊をやめて，冬の間，ポリニアで生活する種類もいます．北極の春がくると，春の日光が雪や氷に邪魔されることなくポリニアに射し込み，光の恵みを受けた海は生産性の高い北極海のオアシスとなります．たくさんのアザラシやホッキョクグマなどの海産哺乳類と海鳥がこの海のオアシスやそのまわりに集まってきます．

　人間活動が関与する気候変動の影響で北極域は暖かくなっており，北極海の温暖化は，地球上のほかの地域より速く進行しています．このことは北極海の海氷に大きな影響を与えており，冬の時期で，北極海の海氷の最大面積が，1979年以来20年ごとに平均3％ずつ縮小しており，同様に海氷の厚さも至るところで減少しています．夏の時期には，海氷の最小面積はさらに速く縮小しており，近年では，夏の終わりの海氷の面積は，これまでの長年の観測結果の平均が約700万平方キロメートルだったのに対し，確実に約600万平方キ

ロメートルを下回っています．このペースだと，北極海は近いうちに，夏の間はほとんどあるいは完全に海氷がなくなります．それは2040年代か，もっとすぐかもしれません．

　北極の食物網で，海氷の生物群集が重要であることを考慮すると，近いうちに海氷がなくなれば，北極海の生態系がその土台から壊されるのは明らかでしょう．雪と氷が減れば，日光が届く有光層はより深くまで広がり，そこで行われるすべての一次生産が増えます．しかし，海氷だけにある特別な生物群集の消失が，いまは予期することが難しいですが，北極の食物網に影響することは間違いありません．海氷と密接な関わりをもって生きてきたアザラシやホッキョクグマは，採餌と繁殖の場が大きく減ってしまい，特に強いダメージを受けることになります．また，現在では氷に覆われた海で漁船を操縦することは難しく北極海で商業的漁業は行われていませんが，将来北極の海氷が縮小すれば，状況は変わるでしょう．

### 南極の海洋生物学

　北極と南極の海洋生態系は，地理的に逆の特徴があります．周囲のほとんどを陸に囲まれた北極海と異なり，南極海は南極大陸を囲み，大西洋，インド洋，太平洋と接しています．南極海と大西洋，インド洋，太平洋の南側を合わせて**南大洋**と呼びます．北極海の環境はユーラシア大陸などの陸地の川の流入に強く影響されていますが，南極大陸には川がないため土砂や淡水の流入がなく，南大洋の海底は堅い岩盤でできており，北極海のような塩濃度が低い海水域もありませ

ん．また，浅く広い大陸棚をもつ北極海とは対照的に，南大洋の大陸棚は狭くて急斜面です．

南大洋の北端は，南緯60度とされます．南極大陸の縁が南緯70度なので，南大洋の海洋生態系は，緯度では約10度，距離にしておよそ1000キロメートルのドーナツ状の海で構築されています．

南極大陸は，大陸の中心から海岸に向かってきわめてゆっくりと流れている厚い南極氷床で覆われており，氷床は海岸線まで押し出されると大陸の縁につながったまま，海に浮く厚さ100メートルにもなる巨大な氷の塊となります．この**氷棚**ができる季節に海が凍ることになります．

南大洋の季節的変動は極端です．南半球の冬の訪れとともに海は凍りはじめ，大陸の縁から外に向かって進み，その先端は1日に約4キロメートルもの速さで進んでいきます．南半球の冬の終わりまでには，海の約1800万平方キロメートルが海氷で覆われますが，北極海とは違って，南極の海氷のほとんどが夏の間に融け，約300万平方キロメートルだけが残されます．南極海の海氷の大部分は1年で凍った分だけなので，北極海の海氷よりもずっと薄く，1〜2メートルくらいの厚さしかありません．

南大洋は，海水が常に湧昇して肥沃になり，栄養分が極端に豊富ですが，この海水は地球の反対側にある海が起源です．第1章で述べたように，北大西洋で海水は冷やされて密度の高い重たい海水となり，沈み込んで北大西洋深層水となって大西洋海盆の海底近くを南に向かってゆっくりと進み，数百年後に南極の沿岸沖に現れます．この冷たく持続的に湧

昇する海水は,栄養に富み,南極の長い夏の時期には日照とあいまって植物プランクトンの成長が理想的な条件となり,南極の海洋生態系の生産性を高めます.

　北極と同じように,よく発達した海氷の海洋生物集団が南極にもあります.南極の海氷は北極よりも薄いので光合成のための日光が多く届き,北極海よりも海氷の微細藻類が豊富で生産性が高くなります.珪藻は特に豊富で,春に海氷が解けて後退するとき,氷の縁にいる珪藻が海に放たれて,植物プランクトンの巨大な大発生を引き起こすきっかけとなり,そのうち大型の珪藻がしばしば優占種となります.

　この一次生産性の大きな増加は,南極の最も重要な海洋生物である**ナンキョクオキアミ** *Euphausia superba* の生息を支えています.ナンキョクオキアミは,エビに似た体長約4〜6センチメートルのほぼ透明な動物プランクトンです(図18).寿命は5〜10年で,南極が暗くて長く続く冬になり植物プランクトンがいなくなって餌がなくなっても,冬を越えて生き延びることができます.ナンキョクオキアミは飢餓状態で何か月も生きられる特殊な動物で,研究室では,餌なしで200日以上生きていました.冬の間ナンキョクオキアミは,代謝を遅くして体を小さくし,幼生の状態にまで戻り,春になってまた餌が豊富になると,急速に成長してふたたび成熟します.

　南極の春に,ナンキョクオキアミは海氷の下を泳ぎまわり,氷の底に付着して青々とした芝生のように広がった微細藻類を刈り取るようにして食べます.海氷が融けるとき,ナ

**図 18** ナンキョクオキアミ.

ンキョクオキアミは海氷を離れ,浮遊性珪藻が集まってつくる巨大な塊を,濾過摂食をするための付属器官を使って直接食べるようになります.餌がたくさんあるのでナンキョクオキアミは急速に成長し,繁殖し,大群となり,1立方メートルあたり1万匹以上の高密度になることもしばしばあります.こうなると海水が赤茶色になります.

　ナンキョクオキアミの大群はパッチ状に生息し,そのサイズもさまざまです.海表面から見下ろすと,数平方メートルの小さなパッチから,数百平方キロメートルに広がり数百万トンにもなるパッチまで,かなりばらつきがあります.南極の海洋生態系でのナンキョクオキアミの数は膨大で,平均して約6000億匹,重さにして5億トンと見積もられています.このことから,個体数と重さでいえば,ナンキョクオキアミ

は，地球上で最も豊富な動物種のひとつだといえます．人間と比較すると，人口が約70億人なので，赤ん坊から大人までの全人口の重さの合計は，大まかにいって，ナンキョクオキアミ全体の重さと同じくらいになります．ナンキョクオキアミが南極の海洋生態系の中心的役割を果たしていることは間違いありません．

ナンキョクオキアミは南極の多くの大型海洋動物の主要な餌となることで，食物連鎖の中心的存在になっています（図19）．ナンキョクオキアミは，コオリウオ，イカ，ヒゲクジラ，ヒョウアザラシ，オットセイ，カニクイアザラシのほか，ペンギン，アホウドリなどの海鳥といった動物たちの主たる餌になります．つまり，珪藻がナンキョクオキアミに食べられ，次にナンキョクオキアミが大型海洋動物によって食べられるという非常に単純で効率のよい3段階の食物連鎖の中心にナンキョクオキアミがいて，南大洋にすむ大型海洋動物を支えています．

シロナガスクジラ，セミクジラ，ナガスクジラは，夏の間は南極の海に豊富に見られます．これらの**ヒゲクジラ類**の口には，大量のナンキョクオキアミを捕らえるために使うヒゲ板があります．ヒゲ板は歯ブラシのような微小な毛が密集しフィルターの役目をします．ヒゲクジラ類は，ナンキョクオキアミのいる海水を大きな口いっぱいに取り込み，ひげ板のフルイを通して海水だけ舌で押し出し，ナンキョクオキアミだけを口の中に残して食べます．ヒゲクジラ類は本来，餌となるナンキョクオキアミを奪い合う関係にありますが，お互

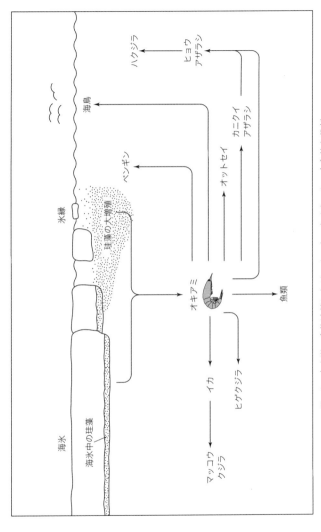

図19 南大洋の食物連鎖におけるナンキョクオキアミの中心的な役割.

いに餌を奪い合うことのないように，餌を分け合う方向に進化してきています．ヒゲクジラ類は種類によって，フィルターでいえば孔の大きさが異なるヒゲ板をもち，餌を獲る深さも違います．これは，ナンキョクオキアミの大きさが深さで異なり，ヒゲ板で獲れる大きさの餌を食べているからです．

　南半球の夏の間，南極にいるクジラたちは南大洋を回遊し，採餌し，そして冬の数か月の間は，繁殖のために，暖かい北方の海洋まで長い距離を泳いで行きます．南半球に春がくると，クジラたちは今度は南に進路を取り，融けはじめている海氷の海に戻ってきます．

　**カニクイアザラシ**は，その名前からカニを食べていると思われがちですが，ナンキョクオキアミを餌としています．浮いた氷の塊の上で生活するカニクイアザラシは，ナンキョクオキアミを海水から直接濾し取ることができる特殊な歯をもっています．ヒゲクジラ類とよく似て，このアザラシは海水を口いっぱいに含み，この歯を通して水を吐き出し，餌だけを残して食べます．餌となるナンキョクオキアミの量が膨大なので，当然のことながらカニクイアザラシの数は多くなり，南極の海に約5000万頭はいるとされ，ヒトに次いで，地球上で最も数の多い大型哺乳類のひとつなのです．

　南極にすむペンギン類もまたナンキョクオキアミを主食としています．南極で最も数が多いペンギンは**アデリーペンギン**で，約250万のつがいがいて，ナンキョクオキアミと小魚を餌としています．アデリーペンギンは餌を求めて数百メートルの深さまで潜ることができます．幼いペンギンは特に餌の大部分をナンキョクオキアミに頼っているため，ある季節

にオキアミの数が減ると,その時期の幼いペンギンの死亡率が高くなります.

　南極の海洋生態系では大型の捕食者がふつうです.ヒョウアザラシはペンギンやカニクイアザラシのような大きな獲物を食べる貪欲な肉食動物ですが,また,そこらじゅうにいるナンキョクオキアミを食べることもでき,カニクイアザラシのように,その歯の何本かは濾し取って食べるための濾し器のように変形しています.シャチも南極における捕食者であり,魚,ペンギン,アザラシ,クジラを食べますが,このシャチでさえオキアミを食べ,とにかくオキアミはいろいろな動物の餌になっています.

　南大洋には,さまざまな種類のイカもふつうにいて,マッコウクジラや海鳥を含む大型海洋生物のたいへん重要な餌になっています.地球上で最大の無脊椎動物のうちの1種は**ダイオウホウズキイカ**で,南極の深海に生息しています.最近まで,この深海生物の全身の標本はなく,捕鯨船によって捕獲されたマッコウクジラの胃で見つかった体の一部が唯一の手がかりでした.しかし2007年に,ニュージーランドの漁船が深海生物を大きなトロール網で獲ろうとしたところ,なんとダイオウホウズキイカが生きたまま,約2000メートルの深海から引き上げられました.ダイオウホウズキイカは体長10メートル,重さは500キログラムと非常に大きいものでした.マッコウクジラの胃の中身を調べると,ダイオウホウズキイカは南極の海でマッコウクジラのおもな餌になっていることがわかりました.マッコウクジラの多くはその体に,ダイオウホウズキイカの2本の長い触腕の先にある鋭い

鉤爪(かぎづめ)で引っかかれた傷跡が残っており，南極の冷たい深海で繰り広げられる捕食者と被捕食者との熾烈な戦いを物語っています．

　珍しい魚類として知られる**コオリウオ**は，南極ではふつうに見られる魚です．この魚は，凍結するかしないかの水温の海水に生きていて，血液中で酸素を運ぶ赤い色素であるヘモグロビンをほとんどもっておらず，酸素は単に血液に溶けて体の中を運ばれています．コオリウオがこのような方法で十分な酸素を体中に運ぶことができる理由は，血液がとても冷たいためで，液体中の酸素の量は温度が下がるほど増えるからです．コオリウオは，体を凍らないようにする方法ももっています．血液中に特別なタンパク質と糖の化合物があり，それが水の凍ってしまう温度（氷点）を下げて凍結を防いでいます．

　アホウドリ，ミズナギドリ，フルマカモメを含む海鳥は，南大洋に広く分布し，オキアミ，イカ，魚を食べます．**ワタリアホウドリ** *Diomedea exulans* はおそらく典型的な南大洋の海鳥で，アホウドリの中では最大の種で，羽を広げると3メートル以上になります．その生活の大部分を飛ぶことに費やし，南大洋の風に乗って滑空します．餌を探しまわる範囲は数千平方キロメートル以上に及び，1日に1000キロメートルも旅をします．繁殖は陸で行うので，南大洋の島々や南極に近いニュージーランド周辺の島々に戻ります．

　極端な寒さにもかかわらず，南大洋の海底にはとんでもなく豊かな生態系が広がっています．約15メートルよりも浅

い海では，粉々になった氷が海底を常にこすって削り取ります．この海底に固着性の海産動物はいませんが，氷がない時期になると，海底で成長している珪藻を食べたり，死んだ動物や死にかかっている動物を食べたりできるヒトデ，ウニ，大きなひも型動物のような動き回る動物が，よそから侵入してきて海底を占領します．

より深い海では，イソギンチャク，サンゴ，カイメンのような固着性の底生動物が多数繁殖しています．なかには，底生動物の密度が，地球上のすべての海洋環境で調べられた最高記録に匹敵する場所もあるほどです．

南極の浅い海の海底にすむ動物は，**錨氷**（いかりこおり）（海底に付着した氷）といわれる珍しい現象にさらされることがあります．非常に冷たくなった海水は，しばしば海底で生きる動物とともに凍り，そのできた氷は，浮力で動物ごと海底からもち上げられます．数年で，錨氷は深さ30メートル以深の海底をどんな動物も完全にいない海底にしてしまいます．

歴史上，人間たちは南大洋の海産哺乳類を容赦なく狩猟の対象にしてきました．オットセイの狩猟は1700年代の終盤からはじまり，1830年までにはほとんどのオットセイの集団が絶滅するか絶滅寸前になるほどで，もはや南大洋で狩猟を続けても採算が合わないほどに個体数が減りました．その後1964年に，ベルギーで開催された第3回南極条約協議国会議でオットセイを保護動物とすることが宣言され，いまでは400万匹以上となり，狩猟がはじまった1700年代よりも個体数は増えています．

南極の捕鯨は1900年代にはじまりました．当初はザトウクジラを対象としていましたが，その後急速にほかのクジラまで獲るようになり，セミクジラ，シロナガスクジラ，ナガスクジラ，イワシクジラ，マッコウクジラも対象となりました．第二次世界大戦前の数年間に，何万頭ものクジラが毎年獲られ，1956〜65年の間に63万1518頭が殺されたと記録されています．残っているクジラの数は少なくなり，クジラの群れを追ってこれ以上獲っても採算が合わなくなってきて商業捕鯨は1960年代に衰退しました．しかしこの頃までに，セミクジラとザトウクジラの群れは元の数の約3％に，シロナガスクジラは約5％に，ナガスクジラとイワシクジラは約20％にまで減少していました．南極の商業捕鯨の禁止は1986年に施行され，日本の「科学的調査」目的の捕鯨は特例として認められていますが，いまはどのクジラも絶滅してはいません．しかし，多くのクジラの種類はまだ絶滅の危機にさらされています．

　アザラシ類とクジラ類の個体数が激減したことを受け，南極の海洋生物の絶滅の危機は，食物網でより低次の栄養段階にある小型動物にも及びました．1960年代の終わりに商業漁業が始まり，最初はマッカレルワニクチのような魚種が漁獲対象種となりました．1980年代に，漁師はパタゴニアで魚のオオクチ（マジェランアイナメともいう）をおよそ1000メートルの水深にいる魚を獲るようにセットしたはえ縄を使って獲りはじめました．オオクチはアメリカの市場では「チリ産スズキ」として売られ，プレミアム価格が付くほどの非常に人気のある魚になっています．需要が供給を上回

り，この魚の合法的な漁業権をもっていない漁師の船が違法操業する事態になっています．はえ縄漁業は，最近，オオクチの近縁種であるライギョダマシにも広がっています．ライギョダマシは，マッコウクジラ，シャチ，ウェッデルアザラシ，大型イカの餌になるので，ライギョダマシがいなくなれば，餌にしている動物にも深刻な影響を与えかねません．

　南大洋のナンキョクオキアミでさえ，人間社会の発展の影響を受けています．ナンキョクオキアミ漁業は1970年代にはじまり，1980年代初頭までは，毎年約50万トンが獲られていました．やがて漁獲量は年あたり約10万トンに減り，南大洋での操業が割に合わないほど高額となったため，ほとんどの国がナンキョクオキアミ漁をやめましたが，この需要はふたたび増加しています．ナンキョクオキアミは，養魚場で使われる人工飼料の主要な成分として加工されたり，オメガ3脂肪酸のような健康食品のサプリメントとして使われたりしはじめたためです．

　このように南極は，長期にわたって人間の影響にさらされており，その実情は，一般に思われている「南極は地球最後の生態系の聖域」というイメージとはかけ離れています．南極は地理的に遠く離れているため，変化している状況を記録するのが難しいことがあり，南大洋の生態系で「自然な状態」がどういう状態を指すのか，歴史的にその基本軸が欠けていたといえるかもしれません．そして，生物種間の相互作用の複雑さともあいまって，人類が及ぼした影響が南極の海洋生態系を自然の平衡状態から大きく外れさせていること

は，間違いないでしょう[*3]．

　人間による捕鯨が発展する前のクジラ類のたくさんの頭数は，南極のナンキョクオキアミのかなりの割合を食べていたでしょう．クジラが絶滅寸前まで追いやられたとき，クジラが日常的に食べていた大量のナンキョクオキアミは，アザラシ，イカ，海鳥のようなクジラ以外の動物が食べるようになり，それらの動物の個体数が平衡状態まで増えることができました．このことはオットセイの個体数が，狩猟によって減る前の数を越えるほど復活したことを説明できます．またクジラ類の数が非常にゆっくりとしか回復していかないのは，クジラの繁殖が頻繁ではないので簡単には数が増えないことに加えて，クジラの数が減ったときに入れ替わりにクジラの餌を食べることになった動物とクジラとがナンキョクオキアミをめぐって競い合うためです．

　人類がもたらしているほかの重大な影響が，話をさらに複雑にしています．人類が引き起こした地球温暖化は，生物生産の高い南大洋の南西大西洋の海域で，そこにいるナンキョクオキアミのバイオマスを，1970年代以降，80％にまで減少させる結果になったようです．これは，南極の気温上昇によって南大洋のこの海域で海氷が融けて縮小した結果でしょう．ナンキョクオキアミは，冬の数か月の間，餌となる海氷の微細藻類のある場所や捕食者からの隠れ場所として海氷を頼りにしています．海氷が小さくなる年には，それに続く何年もの間ナンキョクオキアミが少なくなることが観察されてきました．またナンキョクオキアミが減ると，浮遊性のゼラチン質の動物であるサルパの数が増加します．サルパは浮遊

性のあるゼラチン質の動物で，より暖かく生産性の低い海水で生きることができます．このようなナンキョクオキアミの個体密度の低下は，南大洋のクジラの個体群復活をさらに妨げることにつながるでしょう．

　クロロフルオロカーボン（フロン）を主とする合成化合物の空気中への放出が引き起こした成層圏での**オゾン層**の減少は，南大洋にも影響しています．オゾンの減少は，南極上空では劇的で，特に南半球の春である9～12月はオゾン層が約50％にまで薄くなるほどです．これはオゾンホールをつくり出し，南大洋の表層から約2メートルの深さまで入射する高エネルギーの**紫外線**（UV-B）放射を増加させます．UV-Bの過剰放射は，植物プランクトンを含む植物の光合成を阻害し，南大洋の沿岸域で，植物プランクトンの一次生産を少なくとも6～12％減少させることが研究で示されています．南極の海洋生態学におけるこの問題の重要性は現段階ではまだ明白ではありませんが，フロンの生産と使用をコントロールしようとする世界中の努力にもかかわらず，地球成層圏の平均オゾン量レベルのさらなる減少が次の世紀にも続くと予想されるので，UV-B放射レベルがさらに増えた場合に南大洋の食物網にどのような影響があるのか，きちんと理解するための研究が必要です．


（＊訳注2）フラム海峡は北極海とグリーンランド海を結んでいますが，隣接してバレンツ海からノルウェー海に至る水路，あるいはグリーンランドとカナダの間の海峡群もあります．

(＊訳注 3) 1980 年に，南極の海洋生物資源の保存に関する委員会という 35 か国が参加する国際組織が設けられています．

# 第 5 章

# 熱帯の海洋生物

　熱帯の海は，表層の海水が 1 年を通してずっと暖かく，まれにしか 20°C 以下にならない海域のことを指し，北半球の北回帰線あたりから南半球の南回帰線あたり（北緯 23 度から南緯 23 度）までの，赤道をまたぐ海域の中にあります．本章では，熱帯の生物学を語るうえで欠かせないサンゴとマングローブの生態系を見ていきます．

**サンゴ礁**
　サンゴ礁は，熱帯の海洋環境のイメージそのものになっており，その美しさ，生物多様性，生産性，経済性の点から地球規模で重視されています（図 20）．この「海洋の熱帯雨林」はとても複雑な生態系をもち，信じられないくらいの生物多様性の宝庫であり，すべての海洋生物の約 4 分の 1 がサ

図20 世界最大のサンゴ礁地帯であるグレートバリアリーフはオーストラリア東岸にある．これはその中にあるヘロン島のサンゴ礁の航空写真．

ンゴ礁に生息しています．サンゴ礁にすむ生物はおそらく植物と動物で200万種を超えるとみられています．サンゴ礁の生態系は，数億人の人々に食料を供給し，全世界で消費されるすべての魚類の10％がサンゴ礁で獲られています．またサンゴ礁は天然の防波堤として人々の役に立っており，ハリケーンや台風で発生する高波から沿岸の集落を守っています．さらに沿岸にサンゴ礁がある国々へ何百万人もの観光客がサンゴ礁目当てに訪れるため，それらの国々では雇用が生み出されています．

**物理的な環境条件**

サンゴ礁は重要な海域ではありますが，それと裏腹に，面

積では地球上のほんのわずかな割合を占めているだけで,約28万4000平方キロメートルです.これはイタリアの国土とほぼ同じ面積です.意外に小さな面積であるおもな理由は,サンゴ礁を築いている動物,すなわちサンゴの生育条件が特殊だからです.

サンゴ礁を築いている**造礁サンゴ**は,23℃以上の海水温で最もよく生息し,18℃以下になる海域にはあまり見られません.そのため,サンゴ礁は熱帯でも南アメリカやアフリカの西海岸のような低温の海水が湧き上がる海域には生息できません.また,サンゴは成長に多くの日光を必要とし,ふつうは水深約50メートルより浅い透明度の高いきれいな海水の海域のみで繁栄できます.

造礁サンゴは,塩濃度が約30以下になる薄い海水では生きられないので(一般的海水は塩濃度が約35),河口近くのように淡水が断続的に流入する場所,あるいは大量の雨が流れ出てくるような場所にはいません.このことは,南アメリカの大西洋沿岸の熱帯域の多くにサンゴ礁がない理由であり,これらの沿岸にアマゾン川とオリノコ川から淡水が流れ込んでいるからです.

さらなる条件は波です.造礁サンゴは,中規模以上の高波が来る場所で最もよく育ち繁殖します.波は,酸素を海水によく混じり合わせ,サンゴに餌を途切れることなく供給し,日光を遮らないようにサンゴの表面に積もった堆積物を取り除く役目を果たしてくれます.

たくさんの生物が生息できるサンゴ礁の生態系は,全海洋の中でも生息条件がすべて満たされた場所だけに形成されま

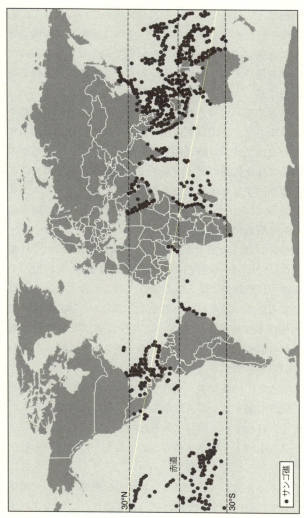

図21 全海洋でのサンゴ礁の分布.

す．すなわち，カリブ海，インドネシアの島々，紅海，オーストラリアの北東と北西の沿岸沖がサンゴ礁の発達できる場所です（図 21）．

## サンゴの生物学

造礁サンゴは，イシサンゴとしても知られ，イソギンチャクに近縁な動物で**群体（コロニー）**をつくります．それぞれのコロニーは**ポリプ**とよばれる個々のサンゴが何千と集まってできています（図 22）．コロニーは無性生殖で増えていきます．雄雌の区別がある有性生殖とは違い，出芽して新しく

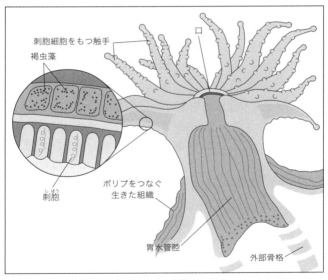

図 22　サンゴのポリプの概観．

できたポリプは遺伝的に同一な個体になります．ポリプの産生が繰り返され，コロニーは大きくなっていきます．ポリプは口，触手，胃水管腔（いすいかんこう），骨格からなる小さな体の動物で，体の一部から出芽した新しいポリプも遺伝的に同一なこれらの形態をつくります．さらに，複数のポリプがコロニーの中でひとつの胃水管腔を隔壁という組織で区切って共有している種類もあります．またコロニーは増えて幾重にもなる層をつくり，大きくなっていきます．コロニーの成長に伴い，周囲の海水からカルシウムだけを取り出して，ポリプは自分の外側にかなりの大きさの炭酸カルシウムを素材とする骨格をつくります．サンゴの種類によって異なりますが，ポリプはこの骨格でできたカップの中にいたり，骨格がつくった長い溝の中に列をなしていたりします．そしてどちらの居場所でもポリプは骨格の中に引っ込むことで身を守ることができます．

　造礁サンゴの明らかな特性のひとつは，動物でありながら植物のような生理機能をもっていることです．それはサンゴが日光のよく当たる環境でなければ生育できない理由になります．それは，すべての造礁サンゴが植物細胞のように光合成をするからです．実際には光合成はサンゴそのものではなく，ポリプの触手や胃水管腔の組織に詰まっている**褐虫藻**という光合成生物が行っています．この褐虫藻は光合成をする渦鞭毛藻類（うずべんもう）の1種であり，海中で浮遊している多くの単細胞生物で（図22），サンゴの組織1平方センチメートルの中に，褐虫藻は数百万個も詰まっています．

　造礁サンゴは，餌である褐虫藻を「栽培」します．しかし

サンゴは褐虫藻を直接食べるのではなく，サンゴの組織の中にいる褐虫藻の数を調節し，餌を得るために褐虫藻を刺激して光合成を介してできる有機物のいくらかをサンゴの腸に直接分泌させるようにしています．サンゴの種類によりますが，どのような形であれサンゴの栄養の 50〜95% は褐虫藻から得ています．

　サンゴが褐虫藻を手に入れる方法はいくつかあります．ポリプが無性生殖で出芽するときに新しいポリプが元のポリプのもっていた褐虫藻を受け継いだ場合がひとつです．もうひとつの方法は，サンゴのポリプの有性生殖で，この場合は，ポリプの卵のそれぞれに褐虫藻がいくらか分配されます．第 3 の方法は褐虫藻をもっていない若いサンゴの場合です．それらは成長するときに外から褐虫藻を獲得しなければなりません．この場合，サンゴは，褐虫藻を誘引する化学物質を海水中に分泌し，褐虫藻がやってくるとサンゴは自身の細胞の中に取り込み，それから特別な膜で褐虫藻のひとつひとつを囲みます．

　サンゴと褐虫藻は両者が利益を得る**共生**の関係にあります．ただしどのくらいの利益になるかはサンゴのほうが調節しています．サンゴと褐虫藻にとっての利益は栄養分であり，両者の間で上手に受け渡しがなされています．まず褐虫藻はサンゴの組織の中にいて保護されます．宿主であるサンゴが代謝によって出す老廃物から光合成に必要な二酸化炭素，窒素，リンをいつでも取り込むことができます．そして褐虫藻は光合成で二酸化炭素などを使って有機物を産生しま

す．この有機物のいくらかをサンゴは餌として無断で拝借し，それ以外にも光合成の副産物として発生する酸素をもらっています．

　褐虫藻はサンゴが生きていくために必要とするエネルギーの多くを与えてくれますが，大多数の造礁サンゴはそれだけでなく，外の環境からも餌を獲ってエネルギーを補っています．この採餌行動はたいてい夜間に行われ，ポリプが伸びて骨格の上に口を出し餌を獲ります．そこで夜間のサンゴのコロニーは「毛皮で覆われた」ように見えます．それぞれのポリプの口は触手で取り囲まれ，触手には**刺胞細胞**と呼ばれる特殊な「刺」が付いた細胞があります（図22）．刺胞細胞は毒のある粘性の糸のようなものを射出し，微小動物，おもにサンゴが食べる動物プランクトンを弱らせます．またサンゴはネバネバした粘液の糸のようなものを分泌して周囲の微粒子を絡め取り，ポリプの口の中に流し込んだりもします．

## サンゴ礁の種類

　サンゴの成長は非常にゆっくりで，1年に数センチメートルほどですが，長い年月を経て大きな構造物になります．実際に地球上で最も大きな生物由来の構造物のひとつです．サンゴ礁の構造には環礁，裾礁，堡礁という3つの主要なタイプがあります（図23）．

　**環礁**はインド洋と太平洋の熱帯域でよく見られ，外洋の島々がこれに関係しています．環礁の形成は次のとおりです．新しくできた火山島の周囲に造礁サンゴがコロニーをつくり，裾礁になったときにはじまります．新しくできた島は

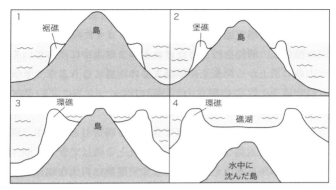

図23 環礁の形成過程.

巨大な重量なので自身の重さでゆっくりと沈みはじめます.島は沈み続けますが,島を取り囲むサンゴ礁は,逆に自身が分泌する炭酸カルシウムを使ってコロニーをつくり続け,上のほうへ成長し続けます.こうしてどんどん大きくなり続ける石灰岩のプラットフォーム,すなわち**裾礁**ができます.伸び続けるサンゴ礁と沈み続ける島との間の隔たりは大きくなり,ついには深い水路によってサンゴ礁と島は切り離され,**堡礁**となります.さらに時間が経つと,島自体は海面下に消えますが,サンゴ礁は水中に没した島を土台にしてそこから海面に向かって上に成長し続けます.最後には,環になったサンゴ礁とその輪の中に海水で満たされた湖,**ラグーン(礁湖)** がある構造,すなわち環礁,となります.

その景観から生きている冠のように見える環礁の下には,サンゴがつくり出した石灰岩のきわめて厚い層があります.マーシャル諸島のエニウェトク環礁で掘削して開けた穴は,

多く吸収して不足している栄養塩を補います．さらにサンゴ自体は中にいる褐虫藻から栄養をもらうだけでなく，死んだ生物由来などの有機物の粒子を含む海水を濾過して食べ，栄養塩のいくらかを補っています．窒素もまた，サンゴやほかのサンゴ礁の生物，たとえばプランクトンのような浮遊生物と一緒にいる窒素固定細菌がつくり出しています．栄養塩は貴重ですから，一度摂取すると，わずかに周辺海域に流出してしまうものの，大部分は効率的にサンゴ礁の植物や動物の間を循環して生物に何度も利用されます．褐虫藻とその宿主であるサンゴの間に見られる栄養塩のみごとな循環は物質循環の最たる例です．

　元気なサンゴ礁の上には，肉厚の藻類がところどころに生えています．それらの藻類は，サンゴ礁でよく見られる草食性魚類のスズメダイ，チョウチョウウオ，ニザダイなどの好物です．刺さると痛い長い刺をもつガンガゼなどのウニも藻類を食べる大食漢の草食動物です．これらの動物は，肉厚の藻類が速く成長し過ぎてサンゴを覆い尽くす前にこれらを食べて除去し，サンゴを窒息死から救っています．これらの動物たちは元気なサンゴ礁の生態系を維持するという重要な役割を担っているのです．

　サンゴは，身を守る外骨格があるとはいえ，まったく捕食されないというわけにはいきません．サンゴを食べることで知られている数種類の魚類は，サンゴを食べやすいように体がうまく適応しています．モンガラカワハギ，カワハギ，チョウチョウウオなどは，サンゴのコロニーからポリプをそっ

くり引き抜くことができます．チョウチョウウオのピンセットのような口と無数の小さな歯は，ポリプを食べやすくしています．ニザダイやブダイのような魚は，サンゴの組織を噛み切ったり，削り取ったりして骨格と一緒にサンゴの一部を食べ，サンゴの組織，骨格の中にいる藻類，そして骨格を覆うサンゴモ（石灰藻）さえも餌とします．ブダイの鳥のくちばしのような口も，サンゴを食べるのに適した形をしており，ブダイが消化したサンゴの残骸は，砂のようになって排泄され，サンゴ礁のすき間に堆積し，サンゴ礁の生態系の特徴のひとつである海底の白い細かな砂の底質をつくることに役立っています．

## サンゴの有性生殖

　造礁サンゴは，有性生殖によって親のコロニーから離れた場所に新しい生息場所をつくることができます．サンゴの多くは雌雄同体であり，卵と精子の両方を同じコロニーの中で産生できます．雌雄同体でない種では，雌は雌，雄は雄のコロニーをつくるのが典型的です．サンゴの大多数は**一斉産卵**という産卵方法で，ある日のある時間に一斉に海水中に膨大な数の卵と精子を放出します．卵と精子は海水中で出会って自然に受精し，受精卵は発生して，種によって数日か数週間かは違いますが，鞭毛をもつ小さな**幼生**（**プラヌラ**と呼ばれる）になります．すべての幼生は流れに任せて表層を運ばれていき，よい条件の場所を見つけると，海底に向かって泳ぎ，そこに新しいコロニーをつくりはじめます．

　同じ場所にある同種のサンゴのコロニーでは，産卵が同じ

第5章　熱帯の海洋生物

タイミングで起きます．その産卵のしかたは，受精の成功率を少しでも高めるために，海水中の卵と精子の濃度が十分濃くなるように進化した結果ではないかと考えられています．サンゴのコロニーの産卵がいつ起きるかは，海水温や日照時間などの季節の変化が決めています．それらの環境条件は，サンゴの産卵がコロニーごとにばらばらになることを防ぎ，サンゴが一斉産卵をするために役立ちます．さらに，産卵の準備ができたサンゴが実際に産卵するときは，別の要因が引き金になっています．それらは，大潮，日没，同種のほかの集団が放出する化学物質です．

さまざまな種類のたくさんのサンゴが劇的に一斉産卵をする場所では，海水はサンゴの卵と精子で満ちあふれ，海面にはくっきりとした膜が見えます．グレートバリアリーフのある場所では，何十種ものサンゴの何百万のコロニーが，南半球の春から初夏にかけての満月の後の数日間，毎晩一斉産卵をします．「原始的な体の構造」のサンゴでも，月の光の変化を感じて月齢を知るという驚くべき能力をもっているのです．

### サンゴ礁の破壊

サンゴ礁はしっかりした硬い構造をしていますが，サンゴ礁でさえも周期的に起こる大規模な自然災害の影響を受けます．周期的にサンゴ礁の近くを通過する熱帯性ハリケーンや台風が起こす高波は，必ずといってよいほど生きているサンゴを広大な海域にわたって破壊しサンゴ礁をひっくり返します．2004年12月26日にインドネシア近海で巨大地震が起

こった際も，大津波がサンゴ礁に大規模な被害をもたらしました．また定期的な洪水による川の氾濫もあります．これによってサンゴ礁は真水に浸ってしまい，サンゴが死にます．このような災害からサンゴ礁が復活する速さはさまざまですが，それでも数十年あるいはそれ以上の年月がかかります．

　サンゴ礁は，大発生した生物が原因となる被害も受けます．英名では「いばらの冠」とよばれる**オニヒトデ**が大発生すると，太平洋，インド洋，紅海にあるサンゴ礁は必ず甚大な被害を受けて絶滅の危機に瀕します．オニヒトデは直径50センチメートルになるとても大きなヒトデで，サンゴのポリプが大好物です．1か月あれば，オニヒトデ1個体で1平方メートル以上のサンゴを食べ尽くしますが，通常オニヒトデはまばらにしか生息していないため，サンゴ礁を破壊する原因にはなりません．しかし，サンゴ礁の1ヘクタール（1万平方メートル）あたり30匹以上の密度になると，オニヒトデはサンゴの成長よりも速いスピードでサンゴを食い尽くしてしまいます．オニヒトデは何年もサンゴ礁を荒らし続け，さらにサンゴ礁を次々と物色していき，広大なサンゴ礁を丸裸にして骨格だけを残していきます（図24）．このようなオニヒトデの大発生のあとはサンゴ礁の回復が遅く，数十年かかるような場合もあるので，もとの状態に戻る前にふたたびオニヒトデに襲われる可能性もあります．

　オニヒトデの突然の爆発的発生は1950年代にはじめて記録され，それ以降，多くのさまざまな海域で，何度も観察されてきました．このような突発的発生は，過去にも自然に起

**図 24** サンゴのコロニーに取り付いてサンゴを食べているオニヒトデ.写真の右下のサンゴはヒトデによってポリプを食べ尽くされ,骨格だけがあらわになって表面が平らに見える.

きていたようですが,いまではその頻度と規模が大きくなってきているため,人類の影響があると思われます.オニヒトデは規則正しく並んだ有毒な棘をもつので,オニヒトデを食べようとしても難しいのですが,何種類かの魚類や大型の巻貝やホラガイはオニヒトデを食べます.しかし,オニヒトデの捕食者である魚類を人間が獲っていることや,同じく捕食

者であるホラガイを,貝コレクションとしての高い価値や土産物にするために手当たりしだいに採集していることが,捕食者が減ったたくさんの海域でオニヒトデが激増する原因になるといわれています.またオニヒトデの爆発的増加は,異常な豪雨が増えたために陸の農業用地から栄養塩が流れ出し,沿岸に過剰な栄養塩が含まれたことも原因のひとつだと考えられています.栄養塩は植物プランクトンの大発生の引き金となり,これを餌とするオニヒトデの幼生が増えます.このことは若いオニヒトデの異常に高い生存率をもたらし,数年後には成体のオニヒトデが爆発的に増えることになります.

　実際にはオニヒトデがどうして増えるのかは十分にわかってはいませんが,その来襲が多くのサンゴ礁に甚大な損害を与えていることは明らかです.グレートバリアリーフでは1960年代初頭以来,オニヒトデの爆発的増加が連続して3回起きています.直近では1993年にはじまり,このときはサンゴ礁の約15％が影響を受け,サンゴ礁が劇的に減少しました.しかしオニヒトデがこの海域から移動すると,結局10〜15年くらいはかかりましたが,グレートバリアリーフのサンゴ礁は,壊滅前と同じ状態に回復することができました.

　またサンゴは,組織の白化,腫瘍(しゅよう),壊死(えし)を引き起こすさまざまな病気にもおかされます.これらの病気の原因と症状は,さまざまな細菌,菌類,藻類,寄生虫による感染と関係していますが,まだほとんどわかっていません.

### 人類の影響

　造礁サンゴは，自然の物理的・生物学的な破壊の被害に見舞われながらも，何百万年もの間生き延びてきました．しかしいま，サンゴ礁は広い海域にわたって人間を原因とする深刻な脅威にさらされています．たとえば，魚介類の乱獲はサンゴ礁にとっては重大な脅威です．世界人口の約8分の1，だいたい8億7500万人が，サンゴ礁から100キロメートル以内にすみ，その大部分の地域は発展途上国や島国で，大事な食糧である魚類をサンゴ礁から得ています．これらの地域で資源管理を伴わない漁業がなされ，サンゴ礁の生態系の多くが危機に直面していることは，驚くべきことではありません．

　ハタ類，フエダイ，ロウニンアジ，ナポレオンフィッシュなどは，大型の肉食魚で市場価格の高い高級魚です．そこで元気なサンゴ礁の海では，漁師が一番先に狙う獲物になり，その結果これらの魚類は早々に姿を消します．そうなると，高く売れるわけではないけれど食物連鎖の下のほうにあって数の多い草食魚類を獲りはじめます．そして最後にサンゴ礁に残るのは，食品としての価値が低く獲るのも難しい小型の魚類で，かつてあちこちに生息していたサメやハタ類のような大型の肉食魚類や大型の草食魚類の姿はほとんどいなくなります．

　この状態になってしまったサンゴ礁は回復するのが難しく，さらに嵐などの何らかの原因で生態系が攪乱されたときに，被害がずっと大きくなります．典型的な例としてカリブ海のサンゴ礁が乱獲のために回復できなくなったことが挙げ

られます．カリブ海の島国のほとんどは人口密度が高く，そのため周囲のサンゴ礁で行われた漁業は何十年も乱獲状態であったため，その地域のサンゴ礁の少なくとも60％の場所で魚介類が危機的なほど減少し，大型の肉食魚類と草食魚類はまれにしか見られなくなりました．

　最初に草食魚類が生態系からいなくなると，餌を競合しなくなるのでサンゴ礁の肉厚の藻類を食べるガンガゼ属のウニが増えました．そのおかげで藻類は増え過ぎることがなく，生態系はうまく調節されて維持されていました．しかし，1983年に，ウニの病気がカリブ海に急速に蔓延しはじめ，たった2年間でサンゴ礁に生息していたガンガゼのほとんどが死滅しました．いまでは，カリブ海には実際に魚類だけでなくすべての草食性の海洋生物がいなくなり，肉厚の藻類が繁茂し，こうしてまたたく間にサンゴ礁は破壊されました．

　10年間にわたり，カリブ海の大部分の地域に広がっていたサンゴ礁は，見渡す限りの美しいサンゴ礁特有の生態系から一転して変わり果て，元気なサンゴ礁で見られた多彩な色も，多様性も，生態系の複雑さもなくなりました．一度肉厚の藻類がサンゴ礁に繁茂してしまうと，サンゴがふたたび成長することはとても難しくなります．残念ですが，この大規模な変化はカリブ海のサンゴ礁で乱獲やその他の悪い影響が続いている点から見ると元に戻らないように思われます．世界中のサンゴ礁が乱獲による破壊やカリブ海で起きたのと同じ変化にさらされており，いまではほかの地域まで広がっています．

水産物の乱獲に限らず、人類はさまざまな形でサンゴ礁に強い影響を与えています．小規模な漁業も非常に有害になり得ます．ひとたび、大きい魚がサンゴ礁からいなくなると、残るのは逃げ足が速い商品価値の低い小型の魚類で、それらを獲るのはますます難しくなります．すると漁師は、サンゴ礁の一部をダイナマイトで破壊し、その周辺にいる魚が死亡したり気絶したりして水面に浮かんだところを獲るような手荒な漁法に頼るようになります．熱帯魚を獲って販売する動物商は、青酸ナトリウムをサンゴ礁の一部に流して熱帯魚を麻痺させ、簡単に魚を獲ろうとしますが、このような方法を取れば青酸の毒でサンゴを殺してしまうのです．

　サンゴはきれいで透明な海水中でよく成長し、栄養塩の濃度がとても低い環境に生きる動物です．そのためにサンゴは、沿岸の開発や土地利用の変化が原因となる水質悪化の影響をもろに受けます．農地や森林が消失した土地から流出する土砂、沿岸工事の土木現場から流出する土砂は、サンゴ礁の透明度を下げ、サンゴを覆い、サンゴが受け取る日光の量を減らし、そしてポリプを窒息させます．またわずかに栄養塩の濃度が高くなっただけでも、植物プランクトンが増加し、水の透明度と日光の照射量が減り、サンゴに悪影響を与えます．増えた栄養塩がサンゴの表面を覆う藻類の成長を促し、藻類がサンゴを窒息させます．未処理の汚水の流出もまた明らかな脅威になり、農地から流出する栄養塩も同じく脅威になります．

　いま、農地からの流出がグレートバリアリーフの地域的な回復力に影響を及ぼしていることについて関心が寄せられて

います．グレートバリアリーフの生態系には，流域の約42万4000平方キロメートルから，淡水，堆積物，栄養塩が流れ込んでおり，さらに流域には家畜もいて，特に肥沃な沿岸の氾濫原となる水の通り道のすぐそばにはサトウキビの畑があります．いま，グレートバリアリーフには，およそ1400万トンの堆積物，4万9000トンの窒素，9000トンのリンが川で運ばれて流入しています．さらに，サトウキビの栽培に使われる除草剤が流入しています．1850年までの流域が未開発だった時代に比べると少なくとも，堆積物の流入は3～10倍に，窒素の流入は2倍，リンの流入は3倍に増えたと見積もられています．

この流入の影響がグレートバリアリーフ全体でどのくらいになるかを評価するのは難しいでしょう．というのは，サンゴ礁を真剣に監視するようになったのは30年ほど前からであり，サンゴ礁に開発の手が入る前の状況の情報がありません．しかし，沿岸の約10キロメートル以内にあるサンゴ礁が，いまでは栄養塩が濃くなり危険な状態にあることと，沿岸から少し遠いサンゴ礁でも何らかの有害な影響をこうむっていることは無関係ではないでしょう．これを受けて現在では，肥料の効率的な利用や除草剤の利用制限で汚染水の流出を減らしたり，堆積物や栄養塩を流出させてしまう川や小川の縁に沿って河川植生を再生するなどの新しい土地管理の試みを進める努力がなされています．

サンゴ礁は，1970年代以降，人類の及ぼした影響が強く表れはじめてから，真剣に研究されるようになりました．そ

のため，それ以前の人間の手が入らない「天然の」サンゴ礁の生態系がどのようなものであったかを正確に知ることは難しいのです．そこでサンゴ礁の研究者は，人類の影響を受けていないサンゴ礁の生態系が研究できる場所を探しました．そしてハワイから南へ1600キロメートルも離れた太平洋の真ん中にあるライン諸島がそれに近いことを見つけました．この無人の環礁を研究し，人間の手が入る前のサンゴ礁の生態系の「基準」にしようとし，無人の環礁と，同じライン諸島内で乱獲や汚染にさらされている環礁とを比較しました．

研究者は，無人のサンゴ礁が，多数の最上位の捕食者，サメ，カイワリ，フエダイ，ハタなどの大型魚に占められ，多肉質の藻類がほとんどなく，生きたサンゴが礁底の100%近くを覆っていることを発見しました．これらのサンゴ礁では，そこにいる魚類のなんと85%が大型の肉食の捕食魚類であり，サメがその約4分の3でした．この非常に「頭でっかち」な食物連鎖のピラミッドは，捕食魚類の餌であるチョウチョウウオ，ブダイ，スズメダイなどが早く繁殖して速く成長することで維持されています．

一方，人がすむ環礁にあるサンゴ礁はまったく違う生態系でした．ここでは捕食魚類がまれで，膨大な数の水槽に入るくらいの小型の草食魚類がほとんどでした．このサンゴ礁の生態系の特徴は，食物連鎖のピラミッドの「下が大きい」ことになります．そしてこのサンゴ礁にはかなり多くの藻類が広がっています．こうして，わずかしか残っていませんが，無人の環礁で見られたサンゴ礁の生態系は，人類の影響が広がる何百年も前にサンゴ礁が見せていたであろう姿を私たち

に垣間見せてくれたのです．

　これまで述べてきたサンゴ礁に対する人類の悪影響は，地域のスケールでの話ですが，サンゴ礁に対する極めつけの脅威は，地球規模のスケールで人類が引き起こした気候変動です．
　サンゴは温度にとても敏感で，平年並みの夏の最高気温を少し上回っただけでもストレスになり，高温ストレスにさらされたサンゴは，組織から褐虫藻を追い出して**白化現象**を引き起こします．褐虫藻がいなくなったサンゴの組織は透明になるので，白い石灰質の骨格が透けて見えるようになります．もし高温ストレスが小さくて短期間だけで終わるならば，サンゴは褐虫藻を取り戻し，生き残ることはできますが，ほかの病気にかかりやすくなります．一方，強い高温ストレスを受けたサンゴは，褐虫藻を取り戻すことができず，サンゴは死にます．
　もちろん自然状態のサンゴ礁でも，小規模な白化現象はときおり起こっています．しかし，サンゴの白化現象は，最近10年で頻繁に壊滅的に起きるようになりました．水温はそれ以前の10年と比較すると，極端に上がっています．1998年の大規模な白化現象で，地球上のすべてのサンゴの16%が死亡したと見積もられています．また中央インド洋や西インド洋では，そこにあるすべてのサンゴ礁のサンゴの60〜90%が死にかかっていましたが，被害にあったこれらのサンゴ礁の約4分の3が，ある程度は回復できました．海表面の水温とサンゴの生理学的知見をもとに組み立てられた将来予

測のモデルによれば，2050年代までに，地球上のほとんどすべてのサンゴ礁で，深刻なサンゴの白化現象がほぼ毎年起きることが示されています．

　大気中の二酸化炭素濃度の増加は，海洋の温暖化を引き起こすだけでなく，海水の酸性化も進めます．近い将来，海洋の酸性化はサンゴが炭酸カルシウムの骨格をつくれなくすると考えられています．サンゴの骨格の形成には，周囲の海水に溶けているカルシウムイオンと炭酸イオンが結合して炭酸カルシウムになることが必要ですが，酸があると炭酸イオンと反応して重炭酸（重曹）イオンになるので，サンゴは炭酸イオンを利用できなくなります．そこでサンゴは骨格をつくろうとするためにエネルギーをより多く費やさなければならず，成長が遅くなり，ストレスが生じ，温度や病気のようなほかのストレスにも敏感になります．酸性化が続くと，サンゴや炭酸カルシウムの構造をもつすべての海洋生物は，やがて一斉に成長を止め，いくつかの海域では骨格がゆっくりと溶けはじめるでしょう．2030年までに大気中の二酸化炭素濃度は少なくとも450 ppm（ppmは百万分率）に達すると見積もられており，この濃度でサンゴの成長は深刻なまでに遅くなると予測されます．2050年までには，二酸化炭素濃度が500 ppmほどにさらに上昇し，海洋の数か所の海域だけでしか造礁サンゴは生き残れないと予想されます．

　このような地域的かつ地球規模の人類が及ぼすさまざまな影響は，サンゴ礁の生態系全体の健康状態を急速に悪化させています．最新の見積もりでは，サンゴ礁の19％が永久に

失われ，15％が次の10年から20年の間に消失し，さらに20％は20年から40年で消失します．さほど遠くない将来に，地球上のサンゴ礁の半分以上が消滅する運命なのかもしれません．

そして，さらなる懸念は，これらの見積もりが地域的な脅威のみを考慮したものであり，人類が引き起こした気候変動による海水温の上昇で起きた全地球規模の脅威は計算に入っていないことです．それも含めると地球上のサンゴ礁の約75％に危機が迫っているといえます．最も人の手が入っていない地域のサンゴ礁でさえ，温暖化と酸性化の影響は免れないでしょう．そして人類の影響をサンゴ礁へのストレスの多様さ，大きさ，さらに相乗的な影響まで考慮すると，地球の大部分の場所で，2050年代くらいまでにサンゴ礁が消失する運命にあるというのが現実です．

## マングローブ

マングローブは，熱帯と亜熱帯域において泥質の潮間帯にコロニーをつくる中程度の高さの木と低い木の両方のグループにつけられた総称で，マングローブ林やマンガル（マングローブの湿地）をつくっています．

よく見られるマングローブの木は，**赤マングローブ** *Rhizopora mangle* と**黒マングローブ** *Avicennia germinans* です．赤マングローブは，やわらかい土で木を支えるために何本もの支柱根がもつれたようにあります．黒マングローブは，赤マングローブより見た目はふつうの木に近いですが，幹の周囲に呼吸根と呼ばれる杭のような形のものが土中から

上に伸びています．呼吸根は土の中にある幹から放射状に出ている根から生じています．

　マングローブは，海水に浸り，嫌気性，すなわち酸素がきわめて少ない堆積物という過酷な環境に生息しています．酸素の欠乏に対処するため，マングローブ林は根系を発達させており，マングローブは空気から酸素を取り込むだけでなく，根が水中に没したときに海水からも酸素を取り込むこと

**図25**　アメリカバージン諸島のセントトーマス島で見られる黒マングローブ *Avicennia germinans* で，呼吸根が広がっている様子．

ができます．赤マングローブの呼吸根は皮孔（ひこう）と呼ばれる小さな結節構造で覆われており，ここから酸素を取り込みます．黒マングローブの杭のような呼吸根も皮孔に覆われていて，海水から酸素を取り込みます（図25）．

　マングローブ林は塩濃度の高い堆積物のあるところで成長するように適応しており，さまざまな方法で過剰な塩分に対処しています．根と幹は内側に入る塩分の量を減らすバリアとなる特殊な組織をそなえており，それでもなおいくらかの塩分は植物に入り込みますが，樹液の塩分を高濃度にすることで排出しています．そこでマングローブの樹液の塩濃度はふつうの植物のものより10〜100倍も高くなっています．さらに，黒マングローブは葉に過剰な塩分を濃縮して排出する特別の腺（せん）があります．腺から出た塩は葉の表面に集まり，雨が降ると洗い流されます．マングローブはまた塩分を古い葉，樹皮，花，果実に濃縮するので，木からそれらが落ちるときに塩分も体外へ持ち出してくれるしくみもあります．

　マングローブ林は風やハチによって授粉される花をつけ，花は実になって種ができます．種は発芽するのですが，実がまだ木についている間に発芽し，葉巻の形をした幹をもつ若い木に育ちます．若い木のことを「むかご」と呼びますが，むかごは親となる木から自然に落ちます．水に落ちたむかごは海水中で生きることができ，また軽いので浮かびやすいため流れに乗って1年以上も漂っていることができます．生育に適した海岸にたどり着くと，すぐに根を張り成長します．

　マングローブは複雑な生態系であり，多くの生物が生活する生息地を形成します．マングローブの葉を直接食べること

ができるのは数種のカニなどだけですが，マングローブは絶えず枯れた葉と枝を落としており，それらはすぐに細菌と菌類によって分解されて有機物となり，多数の生物を養う食物網の基盤をつくります．この有機物をカニやエビなどの生物が食べ，彼らを今度は魚，カメ，海鳥が食べるという食物網ができます．

　マングローブは人類にとっても重要です．マングローブ林は水中部分が稚魚，カニ，エビの隠れ家となり，育つのに必要な場所になります．加えてガザミ，エビ，イセエビ，ボラなどの漁業もマングローブ林に依存しています．マングローブ林は根を張って海岸を安定させ，近隣の土地を浸食から守り，大きな嵐や津波からも守る役目をします．マングローブ林はまた過剰な栄養塩を除去する生物フィルターとして働き，陸地から流出する土砂が沿岸環境に入り込む前にせき止めます．このように，藻場やサンゴ礁のようにマングローブ林はいくつもの役割をもっています．

　マングローブは，ハリケーンや台風などの自然災害によって大規模に破壊されることがあり，根こそぎ倒されるか，堆積物が覆いかぶさって根が窒息します．このような大規模な自然災害は20年か30年に一度のため，本来ならふたたび災害に見舞われる前に回復することができます．しかし，マングローブの破壊のほとんどは，いまや人類の活動によってもたらされているのです．マングローブは材木，薪（たきぎ），炭の原料のために大きく刈り取られ，マングローブ林も沿岸開発に道をあけるために容赦なく切り倒されます．また，マングロー

ブ林はエビ類や魚類の養殖をしたり，塩の生産をしたりするために大きな池に変えられてしまうこともあります．

　こうして人類の活動が大きく影響した結果，マングローブ林は急速に消失しています．1980〜2000年の間に，マングローブ林の面積は全世界で約2000万ヘクタールから1500万ヘクタール以下にまで減少しており，いくつかの地域では，マングローブの消失速度はまさに危機的なレベルになっています．たとえば，プエルトリコは1930〜85年の間にマングローブの約89％が失われ，インドの南部では1911〜89年の間にマングローブの約96％が失われました．急速な人口増加に直面しているいま，マングローブの破壊を抑えるための保全と管理に力を注ぐ必要があります．まず，現時点で状態のよいマングローブはこのまま徹底的に保護する必要があり，それに加えて，大きく破壊されたマングローブの生息地を再生できるような政策と戦略も必要でしょう．

# 第 6 章

# 深海の生物学

　深海は地球上で最大の生態系です．陸と海の惑星である地球全体で見れば，深海の巨大さは群を抜いています．容積でいうと全海洋の 80％（10 億立方キロメートル）が 1000 メートル以上の深さの深海であり，地球上で生物が生息できる場所の 79％が深海にあります．それにもかかわらず，深海はアクセスしにくい場所であるため，この巨大な場所は，地球上で最も調査されていない場所であり，その環境はよくわかっていないのです．

## 深海の環境

　深海は永久に日光の届かない暗黒の環境ですが，全海洋の大部分がそうです．200 メートルまではわずかに到達した光も，200 メートルを超えては届かず，水深 800 メートル以上

に深くなると，どんなにきれいな海水でも光がまったく届きません．深海にある唯一の光は生物が発する弱い瞬き（生物発光）で，深海生物の体にある特別な器官で，特殊な化学反応によってつくり出されています．

深海の特徴には，暗いことに加え，高い水圧がかかることも挙げられます．海水は比重が大きく，10キロメートルの深さの圧力では，つまり全海洋の最も深い部分の水深では，1平方メートルあたり1万トンの圧力がかかります．これはほぼ55機のジャンボジェット飛行機と同じ重さです．

一部の隔離された場所以外では，深海の水温は常に低くおよそ2〜4℃までの範囲です．水深200〜1000メートルには酸素が最小になる層が存在するのですが，さらにその下の深海になると，生きるために必要な溶存酸素濃度が増えてきます．

日光の届かない深海では植物が生育せず，光合成による有機物の一次生産がなく，深海は常に食物が不足しています．深海の食物連鎖のほとんどは，日光が当たる水面から水中を雨のように降ってくる有機物の微粒子が基盤となっています．絶え間なく降っている有機物の雨の正体のひとつは，死んでから海底まで速いスピードで落ちる大型の魚類や海産哺乳類からこぼれ落ちてくるものです．大型の動物の死体は深海底の住人にとってはときどきしか振る舞われないごちそうなのです．

こうして見えてくる深海のすがたは，冷たく，暗く，極端に圧力が高く，食物が欠乏した環境で，人間からは過酷な極

限環境にしか見えないかもしれません．しかし，深海は地球で最大の，しかも典型的な生態系であり，極限環境でも生きられるように形や生活様式が変化したさまざまな海洋生物がいる生物多様性の宝庫なのです．

**深海に適応した生物**

深海の生物は，光の不足した環境に適応するさまざまな方法をもっています．日光が届く有光層に生きる魚類の目は，ナビゲーション，餌や異性の発見，捕食者からの逃避のために役に立っています．深海の真っ暗闇では，目は宝の持ちぐされだと思えるのですが，深海魚には有光層の魚類よりも大きすぎるほどの大きな目をもつものがいます．

このような魚類の体には，**発光器**という光を発する器官が並んでいることがよくあります．よい例はハダカイワシ類で，深海の中でも浅いほうでよく見られます．ハダカイワシ類の体の腹部と横には発光器が並び，弱い青，緑，黄色の光を発します（図26a）．これらの発光器はハダカイワシ類のそれぞれの種に特有なパターンで並んでいて，このパターンが雄と雌で異なる種もいます．ハダカイワシの大きな目はお

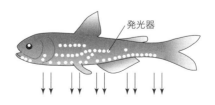

図26a　体の腹部と横に発光器（白丸）をもつハダカイワシ．

そらく同種の他の個体から発せられた弱い光を感知するように大きく進化したと考えられています．これは広大な深海で交尾相手を見つけるために有効なのでしょう．一方，深海魚の中には，小さくて退化した目をもつもの，あるいは完全に目のないものもいます．これらの魚類は強力な嗅覚を装備しているらしく，異性を惹きつける化学物質を海に放出して，嗅ぎつけた異性との出会いの確率を高くしています．

　チョウチンアンコウは，広大な深海の中で異性を見つけるという問題を珍しい適応の仕方で解決しました．それは，雄が自分より大型の雌にぴったりくっついて，小さな寄生体のようになる方法です（図26b）．雄の口は雌の体と融合し，血管は雌の血管と連結します．このようにして雄はいつでも雌の卵に授精できる状態になっていて，産卵時に雌が雄を探す必要はありません．もちろん，最初は，身体が小さくなりしかも変形した雄は，おそらくにおいで雌を見つけるとされていますが，一度雌に付着すれば，交尾する相手を深海で見つけるという困難な問題を解決したことになります．

　深海魚にとって餌はつねに不足気味なので，偶然出会った餌を絶対に手離さないようにします．これには数々の面白い適応が見られます．浅海の魚類と比べて，深海魚の多くはとても口が大きく，またすごく大きく開けることができ，さらに口の中には長く鋭く内側に向かって生えた尖った歯も備えています．この好例はフウセンウナギ，アンコウ，ワニトカゲギス，オニボウズギス（図26c）です．これらの魚類の口は大きく，さらにばかでかく広がり，自分よりも体の大きな餌を捕まえてまるごと飲み込みます．この異様な食事法は貴

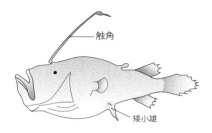

図 26b 小さく変形した雄（矮小雄）が付着している雌のチョウチンアンコウ．

図 26c 体の大きな餌の魚を胃袋に収めたオニボウズギス．

重な餌を見つけたとき，単に体が大きいからと諦めてしまうことのないようにしているのです．またこれらの魚類は飲み込んだ大きな餌をすさまじく広がる胃袋に収めることもできます．

　深海魚の中には，少ない餌をおびき寄せる方向に進化したものもいます．アンコウ類は，釣り竿のような長くてしなる触角をもっています．この触角は両目の間から上に向かって伸び，その先に「エスカ」と呼ばれる肉厚の瘤が付いています（図26b）．何種類かのアンコウは，エスカをルアーのように使います．エスカを小魚が動いているようにぴくぴくさせて自分が餌の魚を飲み込めるまで近くにおびき寄せます．

エスカに魚が触れた途端に,開いていた口が反応し,はねぶたが閉まるように顎がパタンと閉まります.さらにチョウチンアンコウのエスカの先端は発光器になっており,ぱくりと食べられる距離まで光で餌をおびき寄せます.多くの深海魚にとってはこのような多様な工夫は当たり前であり,顎のそばには,ルアーのように動いたり,発光したりする器官があります.

深海生物は,餌が少ない環境で生きていくためエネルギーをあまり使わないようにしなければなりません.そこで海水の比重と同じくらいになるように体の比重を減らし,体が水中で自然に浮くような体のしくみで対処しています.そのため深海生物の中には,軟骨しかない魚や体が柔らかく水っぽいものがいます.このように深海にはクラゲ,クダクラゲ,クシクラゲ,サルパのようなゼラチン質の動物が多くいるのです.

驚くまでもなく,深海生物は高圧にさらされても生きていけるように進化してきました.高圧は,深海生物の体の構造だけでなく,生理学的にも生化学的にも深刻な影響を与えます.その影響を詳しくいうと次のようになります.圧力が細胞膜を圧縮するので細胞の中の液が外に押し出されます.すると細胞が硬くなり,栄養塩を細胞の内に入れ老廃物を外に出す力が弱くなり,生理機能が落ちて生命の危機に陥ります.それなのに深海生物が平気で高圧下で生きていられるのはなぜでしょうか.その理由のひとつに細胞膜の機能を維持するため,生化学的に適応したという証拠があります.その

証拠は，高圧になっても細胞の膜の流動性を変えずに，細胞膜にある脂質の種類を変えて膜の機能を維持するという方法です．一方，高圧が及ぼす悪影響のひとつとして，タンパク質分子の立体構造を変えるということがあります．たとえば代謝酵素はタンパク質なので，正しい立体構造が取れないと，酵素として働けなくなります．この問題を解決するために，深海の動物は高圧でもタンパク質の立体構造が変わらない酵素を進化の過程で得たと考えられています．

**深海底の動物**

　深海の底生生物の餌の多くは，有光層の一次生産物です．これは生物に由来する有機物が沈んでくるもので，**マリンスノー**と呼ばれています．この「スノー」は小さな粘性をもった塊で，植物プランクトンの細胞，動物プランクトンの死骸，動物プランクトンの小粒の糞など，さまざまな有機物の粒子が集まってできたものです．これらのマリンスノーは1日に約100〜200メートルの速さでゆっくりと水中を沈んでいき，深海に到着するまでに数週間かかります．その途中で，マリンスノーに含まれている栄養分のある程度は水中の細菌によって分解され，栄養分はマリンスノーが深く沈むほど減っていきます．そしてこの有機物の粒子がついに海底まで落ちようとする直前，濾過して食べるタイプの底生生物に食べられます．残りのマリンスノーは海底にたどり着き，そこに堆積して，堆積物中の細菌に分解されたり，堆積物の表面や内部にいる底生生物に食べられたりします．そしてマリンスノーを食べた底生生物は，今度は捕食者の無脊椎動物に

よって食べられ，その無脊椎動物たちは，深海底に生息する深海魚のようなより大きな動物によって食べられます．海底までたどり着いた有機物は多くはなくても，とても長い時間にわたって海底に降り積もり堆積するので，深海底を覆う堆積物は海水中よりも多くの有機物を含み，そのため大型の深海生物でも深海底付近で生きることができるのです．

深海はあまりに深く遠いため，人間が行けないだけでなく，遠隔操縦できる無人探査機（ROV）でも深海底の5％しか調査されておらず，さらに試料を採取して詳細に研究されている深海底は約0.01％以下しかありません．ここは何の生物も生きていない場所だと昔は考えられていましたが，いまは昔よりも深海底の試料をたくさん採取し，潜水調査船やROVでたくさんの観察や撮影ができるようになって，実は深海底には驚くほど多様な動物が生きていることがわかりました．そこにはカイメン，ウミユリ，ウミエラ，イソギンチャク，ウミウチワ，ケヤリムシなどの懸濁物食者，ゴカイ，ナマコ，クモヒトデ，ウニ，二枚貝のような堆積物食者，ウニ，ヒトデ，イソギンチャク，ヨコエビ，タコのような捕食者などさまざまな無脊椎動物がいるのです（図27）．

たいていの深海底は，サンゴ礁やケルプの森のような目に見える生き物の賑わいや複雑な生態系はなく，これといった特色のない平坦な堆積物が積もっただけの平原のように見えます．そこで海洋生物学者は，深海底に底生生物のすばらしく豊かな生態系があることを世界に伝えようと努力しています．

**図 27** 深海底のナマコ.

　深海の底生生物には多様な種があります．その多様性のパターンは，深海以外の海洋生物のパターンとは違うようです．深海以外の環境では，目に付く動物は個体数の多い種で，種数が少なくても生態系の中で一番目立ち，希少や未知の動物は種数が多くてもそれらの個体数が少なければ存在は目立ちません．このように深海以外では，限られた種の存在が際立つ傾向があります．対照的に，深海の底生生物の生態系では，ある種だけがとりわけ目立つわけではなく，それぞれの種の個体数は少ないながらもすべての種がそれなりに目立っています．

　このような多様性のパターンは，深海底の生態系に見られる独特な環境に原因があるようです．ひとつは餌に関係します．餌は表層にあった有機物が沈んできたものなので，深海底に散在している餌しかありません．そこで深海底の底生動

物は全員が同じ餌ばかりを食べることになり,この餌をめぐって壮絶な奪い合いが繰り広げられるのだろうと考えられます.この争いの結果は,どの個体でもどの種でも相手に勝って餌にありついたとしても,散在しているわずかな餌を食べ終えると,その場所でそれ以上に個体群を大きくすることはできません.そこで深海底では多くの種が共存しているのです.

　また深海底の生物が共存している別の要因もあります.深海底の堆積物食者の餌は,決まった大きさの有機物粒子です.ある種は小さな粒子の餌を,ある種は中くらいの大きさの餌を,またある種はもっと大きな餌を食べるように特化した体をもっており,このようにして多様な種が同じ場所に共存できるのです.また堆積物中にさまざまな大きさの有機物の粒子が混じっていれば,その場所の種の多様性が高くなるでしょう.

　高い多様性をもたらしているもうひとつの要因は,深海底の広大さにあります.通常は種の多様性はその生息地の広さと関係します.なぜならば生息地が広いほど環境はさまざまになり,それぞれの環境に適したように生きるしくみを発達させようとするので,種の多様性は高くなります.深海底の場合はどうでしょう.深海底は地球上で最も広い生息地なので,当然種の多様性は高くなるでしょう.さらに,深海の環境は比較的安定で太古の海の環境に似ており,深海生物は進化の途中で嵐や急激な水温変化などの物理的な環境変化で絶滅させられることが少なかったと考えられます.そのため太古の海から現在まで,進化の過程で新しい種が誕生して定着

するのに十分な時間があり，多様性が高くなったのでしょう．

　また深海底は，かつて考えられていたほど単調な場所ではないことがわかってきました．どうしてできたのかは不明ですが，何らかの生物活動の痕跡らしい小山や穴，何かが通ったらしい跡などが見られます．これらの深海底に付けられた跡は環境が安定しているために長い期間そのままです．そこでこの跡がほんの少しでも変わったかどうかを見ることで，おそらく種の多様性の原因となり得る微小な環境の変化を知ることができます．

　まとめると，深海の底生生物は高い多様性をもっています．そうなる要因は複雑で，しっかりと理解するまでには至っておらず，さらなる試料採取と生態系の詳細な研究を待たなければならないでしょう．

**鯨骨生物群集と深海のごちそう**
　深海は地球上で最も餌が不足している環境のひとつですが，餌の大きな塊が，思いもかけずに忽然と海底に現れます．これは大型の海産哺乳類が死んでそのまま深海底に沈んだもので，宝くじに当たったくらいにまれで貴重な餌です．その中でもクジラは海洋生物で最も大型であり餌となる肉がたくさんあり栄養も豊富です．またクジラは哺乳類で恒温動物であるため体温を維持するため体中に脂肪が付いていて，皮下脂肪も厚く丸々と太っています．これら脂肪の分解は最後になるので，クジラの死体は長い間栄養を深海生物に提供

することができます.伊豆鳥島近海の深海で見つかった鯨骨(げいこつ)は数十年以上経って骨だけになっていましたが,削れて小さくなった骨にもシンカイコシオレエビが取り付いていました.この鳥島近海の鯨骨は栄養がほとんどなくなっていたのですが,その前にはクジラの有機物を餌とする微生物からはじまり,さまざまな種類の無脊椎動物を経てサメなどの魚類に至る食物網からなる,豊かな生態系があったに違いありません.このような鯨骨にできた生態系を**鯨骨生物群集**と呼びます.深海底の鯨骨は(図28),深海底の深さにもよりますが潜水艇から直接観察でき,また超音波を海底に当てて反射

**図28** カリフォルニア沖・モントレー海底谷の鯨骨生物群集.この写真は2002年2月にROV「ティブロン」が潜行したときに撮影された.綿毛のようなものは,鯨骨上に生息している何千匹もの深海性ゴカイ類.周囲で泳ぐ細長い動物はヌタウナギ類.

して返ってくるまでの時間から海底のデコボコを精密に探知するサイドスキャンソナーという装置で間接的に観察できます．クジラが死んでからどうなるかはまだよくわかっていませんが，まれなごちそうと考えられていた鯨骨が意外にも頻繁に落ちているようなので，ごちそうにありつける機会は多いらしいという証拠もあり，全海洋の海底には常に10万頭のクジラの死体が横たわっていて，それらはさまざまな分解段階にあると考えられています．見積もりでは海底の鯨骨生物群集の間の距離は平均して12キロメートル付近ですが，個体数が多いクジラの種類を回遊ルートに沿って見積もりをし直すと，もっと高密度になるでしょう．

　落ちてきたクジラの死体は，深海生物に栄養補給をしてくれる基盤でありオアシスです．巨大な30〜160トンのクジラの死体が海底に到着すると，まずは泳げる動物がすぐににおいを嗅ぎつけてクジラの死体が落ちた場所を目がけて急行します．それらの動物は死体をおもに食べて最終処理をしてくれる動物で**スカベンジャー**と呼ばれます．スカベンジャーにはヌタウナギ，ソコダラ類，ツノザメ類がいて，クジラの大きさによって消費される期間はさまざまではありますが，何か月から何年もかけて肉がたっぷり入った食材を貪り食います．その次に，残ったクジラの死体にゴカイ類と甲殻類がやってきて，さらに何か月か何年かかけてクジラの骨にある脂肪まで食べていきます．鯨骨だけに見られる特別な生物もいます．ホネクイハナムシと呼ばれる環形動物は，細長い管の先から赤い房のような鰓を出し，鯨骨の中に根のような構造を広げています．鯨骨の上に赤い無数の糸が生えてゆらゆら

と揺れているように見えます．口や消化管はなく，「根」のような部分に含まれる細菌が鯨骨の脂肪を分解してつくった栄養を得て生きています．ホネクイハナムシの根の細菌だけでなく，鯨骨の至るところに細菌はおり，最終的に骨や骨の下の海底の堆積物に残っている脂肪まで分解します．そしてこの鯨骨生物群集は何十年も続きます．

　深海では木も餌になります．木そのものや木の一部が海まで押し流されて深海底に沈むことはよくあり，これらの木々を**沈木**（ちんぼく）と呼びます．沈木は特殊な生態系の基盤になります．そこには細菌，シャコガイ，木を食べるカニの生態系ができます．一般に動物は木のセルロースを消化できませんが，このカニ類の腸には細菌がいて，カニが食べた木のセルロースを消化して栄養分をカニに提供しています．

## 海　山

　**海山**は，深海の特殊な生態系を代表する注目すべき場所です．海山は深海底から突然立ち上がっている山で，海面の何千メートルも下に頂上がある海山もあります．海山はその周辺に広がる平坦でやわらかい堆積物が積もり光も届かない深海平原と違い，岩ばかりのデコボコした山です．そこに生息する生物たちの群集も周辺の深海の底生生物の群集とは明らかに違います．

　海山の頂上と山腹は懸濁物食の動物たちで占められています．彼らはまるで生い茂った低木の茂みのように密に集まった群集をつくっています．その群集は，冷水イシサンゴ，ウミウチワ，クロサンゴ（ツノサンゴ），カイメンで構成され

ています．その中で最も数が多いサンゴは群集の多くの場所を占め，ほかの動物の基盤となります．ここに生息するのは，ウミシダ，ウミユリ，クモヒトデ，ヒトデ，ナマコ，フジツボ，ホヤ，ゴカイ，エビ，そして魚の群れです．また海山は離島のような生態系をつくります．たとえばサンゴやその仲間がたった10キロメートルしか離れていない隣の海山にも同じようにいたとしても，ふたつの海山で全然違う種類だったりする場合もあるほど，海山の生態系は独特なのです．

　熱帯の日光が射す浅海では，造礁サンゴが光合成をする褐虫藻から栄養分の大半をもらっているのに対し，深海では冷水イシサンゴがもっぱら動物プランクトンや有機物の粒子が混じった海水を濾過して餌を食べています．これらのイシサンゴの成長は非常に遅く，数百年も生きています．海山に生息するほかの種類のサンゴも，極端な長寿で，何千年も生きるサンゴもいます．2009年に世界で最も長寿な動物とされたサンゴは，太平洋の海山で採集されたクロサンゴの1種 *Leiopathes* で，放射性炭素を用いた年代測定の結果では少なくとも4200歳という驚異的な年齢でした．

　海山の生態系はたくさんの生物を支えることができる高い生産性をもちますが，この生産性は，海山の高さや海山付近の海流の流れ方といった要素で決められるため海山によって異なります．いくつかの海山は，海流が急に上昇するのに伴って多数の動物プランクトンが頂上のほうへと誘導され，その間に懸濁物食のさまざまな無脊椎動物やプランクトンを食

べる魚類の餌になります．このプランクトンの上昇現象は，外洋の動物プランクトンの多くの種類で見られる一風変わった不可解な行動と関係しています．その行動とは表層近くから何百メートルかの深さに至るまでを毎日垂直方向に往復していることです．夜の間は，オキアミや小さなエビ類などの動物プランクトンは表層近くにたくさん集まっています．それは表層にいる植物プランクトンを食べるためと，餌を目視で探す捕食者である魚類の活動が夜は鈍くなるからです．夜が明けはじめると，今度は捕食者の魚類を避けて，彼らがやってこない深くて冷たい海水のほうに移動しはじめます．この短い旅をする動物プランクトンと一緒に，イカや深海に非常に多くいるハダカイワシ類などの特定の魚類も移動します．日が暮れると，動物プランクトンはふたたび表層のほうに上がっていきます．このようにわざわざエネルギーを使ってまで移動する理由が何であれ，垂直移動をする動物プランクトンのいる層はとても密度が高いことがわかっています．これは，音波を水中で発して当たった物体からの反射で距離や方位がわかる水中の音響システムを使うと見える**深海音波散乱層（DSL）**と呼ばれる層で，深海の水中にプランクトンが高密度の層をつくっています．海山がちょうどよい深さにあるとき，下に移動中の動物プランクトンがそこで行く手を阻まれて集められ，高密度になっているのです．

　海山があることで水平方向の水の流れが変化し，**テイラー柱**と呼ばれる渦巻きが生まれます．テイラー柱とは，海山の頂上より上のほうで回転する海水の渦巻きのことで，これが，海山の頂上や山腹へと動物プランクトンを集めてとどまらせ

ることに役立っているのです．

　海山は海洋生物の高い多様性を支えています．最近行われた生態学的な調査では，海山とその周囲に800に近い種が記録されました．1960年代に，新しい水産資源を探していた深海トロール漁船が海山で底曳き網をしはじめたところ，水産業で重要とされる魚種の大きな生息地が発見され，これが海山に注目した新しい**深海漁業**を開始する引き金となりました．頑丈につくられた底曳きトロールは，その漁では海山の頂上から山腹に向かって曳かれます．トロール漁の目的とする水産有用魚種にはヒウチダイ，マトウダイ，キンメダイ，ソコダラ，アイナメなどがいます．これらの魚はいつも海山に定住してはいませんが，1年のある時期に，産卵や，イカや小魚の採餌や，あるいは単なる休息のために，海山に集まります．これらの魚はとても成長が遅く，長寿であり，成熟に時間がかかるので繁殖力は高くはありません．よい例はヒウチダイ類です．この魚は100年以上生きることが知られていますが，30年くらいかかって成熟し，雌は比較的少数の卵しか産みません．このような生活スタイルは深海の多くの魚類の典型です．

　海山の漁業は，資源を大切にする漁業ではなくむしろ鉱山の採掘作業のようだといわれます．典型的なトロール漁業は，漁を開始してから数年以内にその場所を乱獲で荒らし，ほかの手つかずの海山へ移動して漁を継続します．乱獲した場所の水産資源は，もしかすると少しは復活できるとしても，深海の魚類はもともと繁殖力が弱いために，どうしても

長い年月がかかります.

　水産資源の乱獲による懸念は,単に海山の漁業を続けられなくなることだけではありません.海山のトロール漁は,魚類だけでなく,たくさんのイシサンゴ,クロサンゴ,そしてサンゴと一緒にいる底生生物を一網打尽に獲ってしまうため,壊れやすいサンゴの生態系は広範囲に破壊されます.海山でのトロール漁は激しく,何百回から何千回もトロール網が同じ海山に投げ込まれ曳かれます.数十トンのサンゴが1回のトロール網で捕獲され,あらたな海山でトロールしたときに混獲されるサンゴの量は,全漁獲量のうちおよそ3分の1にものぼります.ここで「漁をした」海山と「まだ漁をしていない」海山を比較すると,漁をした海山の生息地は広範囲に明らかに破壊されています.このようにトロール漁業は,調査された海域の多くで,高密度のサンゴの生息地を荒れ地に変え,種の多様性を減少させていました.

　驚くまでもなく,海山での漁業は大きな議論になり,大手食品会社の中には,いまではヒウチダイ類の販売を禁止している会社もあります.また排他的経済水域(EEZ)にある海山のいくつかを禁漁にする国の数も増加しています.残念ながら,多くの海山は国の法的管轄の外の海域にあり,漁業活動を調整することはとても難しいのですが,その努力は国際条約を確立し,海山の生態系を管理し守る方向に向けられています.そして海山の生態系の将来は,混獲からの保護と,生態系を守ったうえで一部生物の漁業は許可するというバランスの上に成り立ちます.現在は世界的に漁業資源が減少している一方で,魚肉タンパク質の需要は増えており,両者の

せめぎ合いでどこに落ち着くかが決められていくでしょう．

## 熱水噴出孔の生態系と冷湧水

　深海底は餌が少ない場所であることはこれまで述べてきたとおりです．光が届かない深海では光合成による有機物生産ができないので，鯨骨のように突然現れる大型のごちそうからマリンスノーのように表層から下りてくる微小な有機物まで，餌は深海の外からやってきます．しかし，すべての餌が深海の外のどこかからもたらされるという考えは，厳密には正しくありません．というのは深海底には，いくつかの特別な，餌を生み出している場所があるのです．これは，日光のエネルギーではなく化学エネルギーに依存する一次生産の形をとります．その例は深海底の**熱水噴出孔**で，化学エネルギーによって駆動される深海の生態系のひとつです．

　熱水噴出孔は1977年にガラパゴス諸島近くの水深2700メートル付近の海嶺で，有人潜水調査艇「アルビン」により発見されました．それ以来，多くの熱水噴出孔が，太平洋，インド洋，大西洋，北極海で発見されましたが，その大部分は海嶺にあり，何千もの噴出孔が海底でいつも活発に活動していると推測されています．

　海水が海底の下深くに浸み込み，そこにある熱い岩と反応すると超高温で酸性の熱水になり，硫化水素（$H_2S$）などの化学物質を含む熱水がそこに溜まります．このようなところに熱水噴出孔ができるのです．熱水は，間欠泉の温泉のように，高圧で押し出され，海底の割れ目を通って海水中に送り返されて噴出します．たいてい，このような噴出孔の多くが

ビリヤード台からテニスコートの大きさくらいまでの範囲で集団をなし,熱水噴出孔が集まった領域（噴出場）を形成しています.

噴出孔の中には,高さが数十メートルにもなる煙突のような物体の中を通って,熱水を噴出するものがあります（図29）.この煙突のような物体を**ブラックスモーカー**と呼びます.この名の由来は,噴出している熱水が外の冷たい海水と混じり合い,硫化物を含む無機物の微粒子ができ,これが沈殿して筒の外周に黒く色が付いているところからきています.ブラックスモーカーから噴出している熱水は,最初に海底から出たときには400℃を超えています.ブラックスモーカー以外の熱水噴出孔はホワイトスモーカーと呼ばれ,低温で明るい色の熱水を出します.

図29　ハオリムシ（写真の左）の集団は,水深2250メートルで,400℃の熱水を吐き出すブラックスモーカー付近の暖かい海水にさらされている.

噴出孔のそばには，細菌と古細菌を含む多様な微小生物がたくさんいます．古細菌は見た目は細菌に似ていますが，生理学的な体のしくみでも進化系統の面でも細菌とは区別されています．古細菌は地球上で最も厳しい環境とされている高濃度の塩湖，高温の温泉，熱水噴出孔のような**極限環境**にも生息しています．

　細菌と古細菌は**硫化水素（$H_2S$）**を分解してエネルギーをつくり出し，海水中から取り出した二酸化炭素を使って有機化合物を産生することができます．

$$6O_2 + 6H_2S + 6CO_2 \rightarrow C_6H_{12}O_6 + 6H_2SO_4$$
$$\text{有機化合物} \quad \text{硫酸}$$

　これらの微小生物は，海洋の有光層の光合成生物と似た役割を果たしますが，光合成ではなく，化学合成の手段で有機物を生産しています．しかし，最終的には，この硫化水素を材料とした化学合成の方法は，日光に結びついています．というのは，化学合成する微小生物は化学合成過程（上の化学式を参照）を動かすために酸素を必要とするからです．そして地球上の酸素の源は光合成だからです．この理由から，上記の化学合成は好気性の化学合成系として知られています．
　しかし，熱水噴出孔の生態系の一員として化学合成する微小生物には，噴出孔の熱水中に存在している**メタン（$CH_4$）**を材料として使うことができるものもいます．どのようにしてメタンを化学合成に使っているのかはまだ十分に理解され

ていませんが,近縁の2種類の微小生物が該当します.ひとつのグループはメタンを炭素の材料として使い,もうひとつのグループは硫黄をエネルギー源として使います.このように,メタンは硫黄とともに有機化合物の生成に利用されます.酸素は直接この化学合成の反応過程には含まれませんが,まったく光合成と独立しているわけではないと考えられます.その理由は,メタンと硫黄の両者ともが,海底の下深くに埋まっていた有機物が高温で分解されて生じたものだからです.この有機物は太古の昔に酸素を使う光合成によって産生されたものなのでしょう.

熱水噴出孔生態系で化学合成をする微小生物は,噴出孔から立ち昇る熱水(**プルーム**)中に懸濁されたり,噴出孔に隣接する岩だらけの海底上に敷物のような**マット**を形成したりします.これらの微小生物は噴出孔の周囲に豊富に見られる大型動物の驚異的な生態系の基盤となっています.これらの大型動物は,シロウリガイとイガイ,およびさまざまな種類のカニ,巻貝,イソギンチャク,ゴカイ,エビ,端脚類,カメノテ,タコ,魚類などです.このうち何種類かは,シロウリガイとイガイのように,海水から微小生物を濾過して食べますが,微小生物マットを食べる動物もいます.熱水噴出孔で見つかったほとんどの種は,噴出孔が発見されるまでその存在が知られていませんでしたし,噴出孔の生態系以外では確認されていません.

**ハオリムシ**と呼ばれる巨大な管棲虫(環形動物門多毛類の仲間)は,太平洋にあるいくつかの熱水噴出孔で大きな群集をつくっています(図29).ムシと名付けられたこの奇妙な

動物は，長さが3メートルにもなり，防護のための白い管の中で生きています．ハオリムシには消化管系がまったくなく，すべての栄養分をハオリムシの栄養体と呼ばれる組織の中に生きている化学合成共生細菌から得ています．そのしくみはこうです．ハオリムシには明るい赤色の羽毛のようなものがあり，それが管の先端から外に伸びて噴出孔の熱水が出す硫化水素と海水中の酸素を吸収します．硫化水素と酸素は，ハオリムシの血管系の中に入り，ハオリムシの栄養体にいる細菌まで運ばれます．細菌は自身と宿主のハオリムシのための有機物を産生するのです．噴出孔の周囲で見られるシロウリガイとイガイは鰓(えら)の組織に化学合成共生細菌をすまわせています．共生細菌が産生した有機物が，シロウリガイとイガイが必要とする栄養分の大部分であるため，たとえこれらの貝類が濾過食もできるとしても，共生細菌が産生した栄養分がないと死んでしまいます．

　熱水噴出孔はもろくて安定していない構造物です．その噴出孔の生態系を何か月にもわたって観察し続けると，噴出孔の熱水の流速とその化学組成が変化していることがわかりました．そして最後には熱水が止まり，その噴出孔が熱水噴出孔生物群集を構成していた生物の残骸に囲まれている様子が観察されました．典型的な噴出孔の寿命は数十年といったところで，このように，噴出孔を囲む豊かな生態系の寿命は，けっして長くありません．多くの噴出孔には，熱水のそばでしか生きられない動物たちがいて，噴出が停止しそうになったときに，これらの動物たちがどのようにその噴出孔から逃

げ出し，どのようにしてほかの噴出孔に行くのかはわかっていません．というのも隣の噴出孔までの距離は数百から数千キロメートルも離れているからです．また新しくつくられた噴出孔で動物たちがどのように生態系をつくっていくかについても謎に包まれています．噴出孔の動物の中にはとても成長が速く，すぐに大きくなり，噴出孔が熱水を停止する前に性成熟に達することができるものがいます．それらの動物は大型のために，多数の卵を生むことができ，プランクトン幼生となった子どもたちは深海を流れる遅い水の流れに乗って遠くまで分散していきます．分散した幼生の中にはついにほかの噴出孔にたどり着くものがいて，そこに新たに個体群をつくると考えられます．また噴出孔の動物の中には，その幼生が表層まで上昇し，表層のより速い流れに乗って分散し，やがて沈んで海底に戻る前に，個体群をつくるのに適した噴出孔と出合うものもいます．

　熱水噴出孔だけが，深海の化学合成細菌共生系という特徴をもった生態系ではありません．化学合成細菌の材料となる化学物質を含む海水が出る場所はほかにもあります．硫化水素とメタンが，周囲の海水と同じくらいの低い温度で，海底からにじみ出ている場所がそうです．これらは**冷湧水**（れいゆうすい）と呼ばれ，しばしば大陸の縁に沿ったさまざまな深さの場所で見つかり，メキシコ湾，カリフォルニアとアラスカの沿岸の沖，日本海などで発見されています．深いところでは5000〜6500メートルにもなり，日本海溝の水深7000メートルのところにもあります．

　冷湧水のまわりの生態系は，熱水噴出孔の生態系と似てい

て，栄養分を提供してくれる化学合成細菌を体の中にすまわせている動物が多くいます．シロウリガイ，イガイ，カイメン，カニは非常に豊富であり，熱水噴出孔で見られるハオリムシの密集した茂みもあります．冷湧水は短命な熱水噴出孔と比較するとずっと長く永久的に湧水を出しているようです．そして，熱水噴出孔の生態と比べて，冷湧水の生態系はゆっくりと成長し，動物たちは長寿になるようです．たとえば，冷湧水に生息するハオリムシの中には 250 歳以上になるものもいるのです．

# 第 7 章
# 潮間帯の生物

　全海洋の**潮間帯**は，満潮時の海岸線（高潮海岸線）と干潮時の海岸線（低潮海岸線）のふたつの海岸線の間にある狭い帯状の海域であり，最も海面が上がった満潮のときは完全に水中に沈み，最も海面が下がった干潮のときは海底が完全に見える部分が出てきます．潮間帯に生息する海洋生物は多数いますが，彼らは，空気，高温，低温，強風，たたき付ける波にさらされてそれらの影響を受けながら生活をし，ストレスの多い自然環境に適応しています．潮間帯は全海洋のほんのわずかな部分でしかありませんが，そこにすむ生物は潮間帯ならではのユニークな生態系をもち，また潮間帯は比較的アクセスしやすいために私たちにとってなじみの深い海となっています．私たちがふだん食べている魚介類はここで獲られており，乱獲や油の流出，沿岸開発，何千人もの人々がや

ってきて踏み荒らすなどの人間生活の影響を広い範囲で強く受けている海域です．

## 潮　汐

　潮間帯の一番の特徴は規則的な潮の満ち引きです．潮汐を引き起こすのは，月と太陽が地球上の全海洋の海水を引っ張る引力です．月は太陽より地球にずっと近いので，太陽よりも潮汐の発生に強く影響します．

　月の引力によって，月に最も近い側の地球の海面は月のほうに引っ張られてわずかに膨らみます．このとき，それと反対側の海面もなぜか膨らみます．この反対側も膨らむ理由を簡単にいうと，地球自体も月に向かって引っ張られているので，反対側では海底が海面から離れていき，さらに地球の公転による遠心力があるので，海水は外側へ行こうとし，これらが合わさって反対側でも海面が膨らむというイメージです．地球はこのように両側で海水が膨らんだ状態のまま自転し続けます．そこで理論的には，地球上の海のどの地点も1日2回海面の膨らみの下を通ることになり，海岸線では潮汐が1日に2回，およそ12時間ごとに起きることになります．

　太陽の引力は，月の引力ほど強くありませんが，月の影響を調節する働きをしています．地球，月，太陽が一直線に並ぶとき（満月と新月），太陽と月の引力が重なり合うため海面を引っ張る力が最大になり，海面は最も高くなります．これが**大潮**です．地球，月，太陽がお互いに直角になるとき（上弦の月と下弦の月），太陽の引力と月の引力がそれぞれを打ち消し合うため海面を引っ張る力が最小になり，海面は最

も低くなります．これが**小潮**です．

　このようにして，月と太陽の引力が互いに組み合わさることで，地球上では周期的な潮汐のパターンを見ることができます．実際には，これらの潮汐の高さや低さが場所によって異なります．違いが生じる原因は，大陸の地形が海の膨らみと干渉することであったり，また海盆の形や海岸線の特徴であったりします．月と太陽の引力の影響は，海盆くらいの広さでは潮汐のスロッシング（ゆったりとした海面の長周期の揺れ動き）となって表れます．すなわち，どこであれ海岸線によって潮汐のパターンと干満の差は地域的かつ局所的な特色をもっています．ほとんどの沿岸域では1日に2回，毎回ほぼ同じ潮位になる満潮と干潮があり（半日周潮），いくつかの沿岸域では1日に2回，異なる潮位となる満潮と干潮があり（混合日周潮），またわずかな場所ですが1日に1回ずつの満潮と干潮しか見られない場所もあります（日周潮）．

**潮間帯の生物の適応**
　潮汐は潮間帯にいる海洋生物に大きな影響を及ぼしています．満ち潮のときは水中に沈み，引き潮のときは空気にさらされ，暑さ寒さ，雨，波などの影響を直接受けます．たとえば，タマキビ類は小さな海産の巻貝ですが，熱帯の潮間帯の岩場に生息しており，潮が引いたとき，体が熱くなり過ぎないようにさまざまな方法を使っています．そのひとつは，殻の色が明るいことで，熱の吸収を減らすことに役立ちます．さらに殻の上には小さな突起があって，これが冷却用ファン

として働き熱を逃がします．そしてタマキビ類は干潮時には熱くなった岩と直接接触しないために粘液の糸を出し，できるだけしっかりと岩にしがみつきます．岩場の潮間帯に生息するイガイ類とフジツボ類は，干潮時に水分が奪われないよう殻をしっかりと閉じ，さらに十分な水分を殻の中に貯めておいて次の満潮になるまで生き延びます．カニ類は岩の割れ目や海藻でできた湿り気のあるマットの下を隠れ場所として探すか，または単に引き潮になると砂にもぐるかの選択をします．潮間帯の海藻の中には，極度の脱水に耐え，干潮で体の水分が90％まで減っても生きられるものがいます．また，粘液を分泌してゼラチン質の膜体で囲むように覆う生物もいます．寒冷な気候の潮間帯に生息する動物と植物は，ときに氷点下数十℃になるほどの極端な低温の下で，空気にさらされながら何時間もあるいは何日間も耐えなければなりません．これらの生物の中には不凍物質を産生して体の凍結を防ぐ特殊な生物や，凍結に対して極度の耐性をもつことで乗り切る生物もいます．

　潮間帯の海岸線の縁ぎりぎりに生息する生物は，寄せる波に押されて体を砕かれたり，引く波に体をもっていかれたりしないよう，波の力に抵抗しなければなりません．フジツボとカキの成体は，体を岩に永久に付着させます．カサガイ，巻貝，ヒザラガイは筋肉質の足のような付着構造をもっていて，これでしっかりと岩にしがみつきます．イガイの成体は，「足糸繊維」と呼ばれる強靭な糸状の繊維を分泌し，これで岩に体を固定します．潮間帯の海藻は，付着器で堅い岩や海底の表面にしっかりと接着し，またやわらかい体は波で

折れ曲がったりねじれたりして傷つかないことに役立っています．

### 潮間帯の帯状分布

潮間帯の中でも，特に岩礁の特徴は，明確に色で区別される水平の帯状の層です．これは潮間帯の生物が水平方向に分布しているためで，何本もの色違いの帯が縦方向に並んで見

**図30** 干潮時のアメリカ・ワシントン州の岩礁に見られる潮間帯の帯状分布の典型的なパターン．

えます（図30）.

　岩礁の帯状分布のパターンは，いままでに観察されている地球上のどの地域でもよく似たパターンなので，岩礁の生態系の帯状分布は，「世界共通」と考えられています．この岩礁の生態系では潮間帯を4つの帯に分けます．海岸の最も海抜の高いほうから低いほうへ順に，飛沫帯（潮上帯），高潮帯（上部潮間帯），中潮帯（中部潮間帯），低潮帯（下部潮間帯）となります（図31）.

　飛沫帯は最も潮位が高い大潮の満潮時よりも上にあるため，海洋環境との接点は波しぶきがかかることだけです．またここは極度に厳しい環境のため，それに耐えて生息している生物はごくわずかしかおらず，動植物がまばらに分布する海岸です．高潮帯は，大潮の間だけ完全に水中に沈み，それ

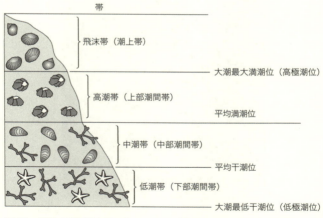

図31　岩礁の潮間帯に見られる4つの「世界共通」の帯状分布の区分．

以外の何日か何週間かは空気にさらされている部分です．ここも非常に厳しい環境です．中潮帯は，平均満潮位と平均干潮位の間の海岸で，その大部分は，満潮と干潮との間の潮位が変化する長い時間にわたって水面下にあります．この区域には，海洋のさまざまな動物と植物が高密度に暮らしている豊かな生態系があります．低潮帯は平均干潮位と最も潮が引く大潮の干潮位との間にあり，たいていの間，完全に沈んだままなので，潮間帯の中では最も環境変化のストレスがかからない場所です．

　温帯にある岩礁の潮間帯では，明るいオレンジや灰色っぽい色をした陸上のコケに相当する地衣類が小さな集団をつくって斑点状に生息しています．岩の上に黒く見える薄い層をつくる藍藻類（シアノバクテリア），そして緑や黒の髪の毛のように見える緑藻が，飛沫帯と呼ぶ波しぶきがかかる場所にコロニーをつくっています．タマキビとカサガイは飛沫帯によく見られます．またここには等脚類も見られ，藻類を食べるものや死体をあさってその有機物質を食べるものもいます．そして飛沫帯の動物はここで捕食者から身を守ることもできます．なぜならば捕食者となるカニや巻貝は飛沫帯の過酷な環境に長くはいられないからです．

　高潮帯では**フジツボ類**が高密度で一番数の多い生物であることが多く，フジツボの色のため海岸にはっきりと白い帯が浮かび上がります．フジツボ類の幼生は小さなエビのような姿をしていて，手足をばたつかせて少しは泳ぎまわりながら，流されていきます．そして小さな幼生は泳ぎながら，潮

間帯に着底できそうな場所を特別なセンサーで見つけ，さらに一生すむのに適した土地を見つけると，歩きながら検証するそうです．そこで生活しようと判断すると，頭にある特別な器官からネバネバした接着物質を分泌し，頭を下にして，硬い岩の表面に貼り付きます．それから変態をして脱皮し，小さなフジツボ型の幼体となります．体の外側に石灰質の殻をつくって体を隠し，このシェルターのような殻は，跳ね橋のように開閉できる２組の板で蓋をします．蓋は満潮になると開き，一組の羽根のような蔓脚(まんきゃく)を殻の中から外へ出して広げ，海水中のプランクトンを濾過して食べます．干潮になると蓋は閉じ，密閉された殻に閉じこもることで体は捕食者や乾燥から保護されます．

　中潮帯には**イガイ**が非常に多く生息していて，岩礁にはっきりと見えるほどの黒い帯ができます．フジツボのように，イガイもまた遊泳する小さな幼生の時期があって，幼生時代は海中に分散し，時期がくると潮間帯に着底できる場所を探します．イガイの幼生は，よい場所を見つけると足のつけ根にある足糸腺から足糸繊維を分泌して岩に体を固定し，それから成長し，よく見る二枚貝の成体に変態します．成体は，水中に沈んでいるときは海水からプランクトンを濾過して食べていますが，水から出ているときは，脱水やうろついている捕食者から身を守るために殻をしっかりと閉じています．中潮帯にはカキ，カサガイ，タマキビやヒジキのような肉厚の体をもつさまざまな褐藻類も生息しており，褐藻類によって湿度が高く保たれているおかげで，ヒトデやウニなどの海産動物が干潮時に避難してきます．

低潮帯には，ときおり空気にさらされても耐えられる動物と植物が豊富に生息しています．ここには，紅藻，緑藻，褐藻がたくさんあり，イソギンチャク，ヒトデ，ウニ，クモヒトデ，ナマコ，カニ，巻貝，ウミウシ，ゴカイなど多くのさまざまな種類の海産動物もここに生息しています．

　熱帯にある岩礁の潮間帯では，さまざまな種類の海藻が，飛沫帯の岩の上に，灰色や黒色の薄い膜をつくり出し，たくさん生息している多様なタマキビがこれらの海藻を食べています．高潮帯には，岩にしっかり付着している海藻が岩礁を黄色っぽく見せています．ここにはフジツボ，カサガイ，巻貝も生息していますが，温帯の岩礁に比べると数は多くありません．中潮帯は，サンゴのような形をした海藻がピンクの帯をつくっています．ここに生息する動物は，さまざまな巻貝をはじめとしてイガイ，イソギンチャク，カサガイ，フジツボで占められます．低潮帯では，岩礁を覆う海藻のほとんどは褐藻で，ウニ，イソギンチャク，カサガイ，ナマコ，カイメンなどの私たちがよく知っている多様な海産動物たちが，ここをすみかにしています．

## 潮間帯の帯状分布の原因

　海洋生物学者は何十年にもわたって，潮間帯の岩礁に見られる明確な生物のすみ分けをつくり出している原因を突き止めようとしてきました．現在では，潮間帯の帯状分布は生物的要因と物理的要因の複雑な相互関係で起きていると考えられています．一般に，その植物や動物が空気，高温，低温，乾燥，波の力などの物理的要因への耐性をもっているかどう

かが大事であり，その生物が潮間帯のどこで生きられるかをある程度決めてしまいます．しかし，生存競争，採餌，捕食，幼生の着底のパターンなどの生物的要因も大事であり，これらの要因と先ほどの物理的要因との両方の絶妙な兼ね合いで，実際にその生物が潮間帯のどこに生息するかが最終的に決まります．

　温帯の岩礁で，フジツボ，イガイ，ヒトデ，そして海藻の関係は，生物的要因と物理的要因の相互関係がどのようなものかを知るよい例になります．潮間帯では生息する空間が空気中か水中か，それらにさらされる時間はどのくらいかが大切なので，生活空間を獲得できたかどうかは，個体の生死だけでなく海岸での種の分布にも影響します．フジツボは，幼生の数が十分に多いときは，物理的要因によるストレスを受けても多少なりとも幼生が生き残るため，温帯の岩礁の中潮帯と高潮帯のどこかに着底して生きていく個体が増えます．しかし，中潮帯は，フジツボにとってストレスが少なく餌探しにも困らず速く成長できる素敵な場所ですが，それはイガイにとっても生息に適した場所となります．ここにはイガイが高密度で生息し，フジツボは中潮帯からは追い出されてしまいます．イガイはフジツボの生息場所を奪ってしまうだけでなく，フジツボを覆って窒息させます．こうしてフジツボは高潮帯へと追いやられるかたちになりますが，高潮帯は逆にイガイには過酷過ぎて生息に耐えられない環境なのです．

　しかし，フジツボは中潮帯から完全に締め出されるわけではなく，ところどころに小さな集団となって生き残ります．これはもうひとつの生物学的相互作用，**捕食圧**の例です．中

潮帯で高密度に生息しているイガイは，やがて捕食者であるヒトデに食べられ，中潮帯を完全に優占することができません．しかし，ヒトデは水から外へは出られないので，満潮の間の限られた時間だけ水没する中潮帯にいるイガイしか食べることができません．このようにイガイが食べ尽くされないしくみになっています．一方，低潮帯は海水中に没する時間が長いので，低潮帯に生息するイガイは，ヒトデによって捕食され，おそらくほぼ完全にいなくなるでしょう．

　以上の例からわかるように，潮間帯のフジツボの分布は，高潮帯の上限は物理的要因によって，また低潮帯の下限は生物的要因，すなわちイガイとの生息場所の奪い合いによって定まっています．同様に，イガイ類の分布の上限は物理的要因によって，下限は生物的要因によって決まっていますが，イガイの場合はヒトデによる補食圧という要因が加わります．その後，岩礁の潮間帯の研究はより詳細に進められ，生物的要因の相互作用がさらに複雑であることが明らかになっています．たとえば，中潮帯の褐藻類の場合，生息する場所をほかの生物と奪い合い，もし褐藻類が勝つと，イガイ類とフジツボ類の幼生はそこに着底できず，褐藻類はさらに生息地を維持し広げることができます．また，波が褐藻類の葉のような体を前後に揺らして，岩礁の表面を刷毛のように払うので，イガイとフジツボの幼生は着底を妨げられるだけでなく，着底しても付着しにくくなります．やがて，カサガイと巻貝が海藻を食べるので，しだいに岩礁を覆う海藻が減ってきて，ふたたびイガイとフジツボが生育できるようになりま

す．海藻の中には食べられないように毒性の化学物質を産生する種類もあります．

**深刻な人類の影響**

　潮間帯のある沿岸海域は，アクセスしやすく，人口密度が高く，産業が発展しているなど人間社会の発展と大きく関係する場所であるため，深刻な人類の影響にさらされています．イガイ，カキ，カサガイ，タマキビ，ウニ，カニ，二枚貝，アワビ，そしてさまざまな海藻が，規制の基準が決まっていない中で，レクリエーション目的で採集されており，人気スポット付近では，かつて豊富に見られたこれらの生物はめったに見られなくなり，なかには絶滅した生物もいます．このような乱獲は潮間帯の生態系の構造を根本的に変化させてしまいます．この例として，チリのある地方の人々が潮間帯の大型の巻貝を採ったことがあります．この巻貝が採取された地域の中潮帯は，イガイだけが生息し，占拠しました．しかし，巻貝の採取がなかった地域の中潮帯は，フジツボと海藻が生息し，より豊かな種の多様性が保たれました．巻貝はイガイを食べるので，巻貝が生息する場所では，イガイがほかの種を完全に負かしてしまうことを妨げるのです．世界中のいくつかの法的規制のある管轄区域では，レクリエーションのために潮間帯の海洋生物を採集する種類や量を制限したり，「採集禁止」の海洋保護区を設けたりすることで，より注意深い管理方法が導入されてきています[*4]．

　そういった潮間帯での採集を抑える動きがある一方，商業レベルでの大規模採集は行われています．たとえば，一般に

「岩海苔(のり)」と呼ばれている褐藻は,カナダ東部とアメリカのメイン州の潮間帯で商業的に採取されています.この海藻を乾燥させて,肥料用の動物の餌として,あるいはアルギン酸抽出に利用します.アルギン酸はアイスクリームなどの身近な食品の添加物などに利用されています.天然のイガイもメイン州の沿岸沖で商業的に採取されており,カキは南アフリカや世界中のその他の場所の潮間帯でやはり商業的に採取されています.

　生物を観察しようとして岩をひっくり返したり,ただ人が歩いたりするだけでも,潮間帯の生物が受ける影響は破壊的なレベルになります.都会から遠く離れた場所ではそれほどではないものの,都心近くの岩礁では,訪れる人の数が多いため影響は大きくなります.たとえば,カリフォルニア沿岸の大人気の岩礁では,海岸線100メートルあたり1年に2万5000〜5万人が訪れており,人気のない場所でも2000〜1万人が訪れるので,これだけの数の人間が干潮時に潮間帯を歩いて踏み荒らせば,動物や植物は壊滅的な被害を受けることは容易にわかります.人々は無意識のうちに,岩をひっくり返して岩の頂上にいて逃げ遅れた生物をつぶし,岩の下に隠れて暮らしていた生物からそのシェルターを奪い,脱水,波,捕食者の危険にさらしているのです.こうして,岩の上面と底面の生物はいなくなり,岩の周りにだけ生物がいる「修道士の頭みたいな状態」が生まれます.このような悲惨な状況は,採集を禁じている海洋保護区でも潮間帯を歩くことは許されているので,影響は少なからずあるでしょう.このような状況のもとで潮間帯を保護するためには,訪問者の

人数を制限するか,潮間帯の「遊歩道」を通るだけにする必要があります.

　また,石油などの化石燃料による**油汚染**も,潮間帯の生態系にとっては脅威になります.世界中の浜辺でタールボール(原油の球)が打ち上げられている事実がその証拠です.海洋への原油流出には,自然な漏出,精製過程での漏れ,輸送時の漏れ,消費時の漏れの4つの原因があります.

　そのうち自然な漏出とは海底下の原油を含む地層から原油が出てくるもので,毎年約60万トンが海洋環境中に漏れ出しており,海洋に入る全原油の半分を占めます.しかし,こういった自然な漏れは非常にゆっくりで,場所が集中していないため,海洋環境はあまりダメージを受けません.

　石油の開発と生産に関わる人間の活動は,毎年平均3万8000トンの原油を海洋中に放出していると見積もられており,それは世界の海洋への人為的な原油の流出全体の約6%にあたります.自然の漏れと比較すると数字は小さくなりますが,これを原因とする油汚染は沿岸の生態系に深刻なダメージを与えます.その理由は,沿岸近くで大量の高濃度の原油が放出されることになるからです.実際に,2010年のメキシコ湾の油汚染は悲劇的で,海洋環境への原油の流出として,これまでの歴史で最大の事故でした.この事故では,深海の石油掘削プラットフォームが沿岸から約66キロメートル沖の水深約1500メートルで探鉱井を掘削していたところ掘削に失敗し,海底下の油田から膨大な量の原油が噴出しました(図32).海底にある油井にふたをして最終的に終結す

るまでの 3 か月の間に，約 67 万トンの原油がメキシコ湾に流れ出しました．沿岸の 790 キロメートルほどの海岸線が重油にまみれて，完全に油膜で覆われ，沿岸の野生生物すなわち潮間帯と亜潮間帯の生物がすべて重油で汚染され，メキシコ湾の多くの場所でエビ漁は中止されました．それに加えて，油を除去するために使われた化学溶剤と装置も重ねて海洋生物にダメージを与える結果となったのです．

石油や石油製品を輸送しているタンカーからは毎年平均 15 万トンの重油漏れがあり，これは人為的な流出全体の 22 % を占めています．タンカーから漏れる石油は濃縮されているため，ダメージは甚大です．タンカーのエクソン・バルディーズ号が 1989 年にアラスカ沿岸の沖で岩礁に乗り上げて座

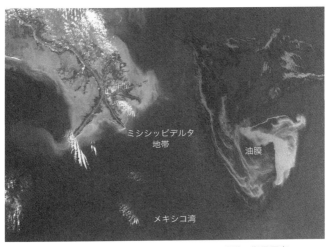

図 32　メキシコ湾の原油流出によりできた油膜の衛星写真．

礁したとき，少なくとも3万トンの石油がプリンスウィリアム湾に流出しました．海流によって油膜はアラスカ沿岸に運ばれ，周囲の海岸線2100キロメートルが油で覆われ，広範囲にわたって潮間帯に被害がありました．このとき海鳥は数十万羽，海産哺乳類は数千頭，魚類は数えられないほどの数が死んだとされています．この事故の影響はいまも続いており，汚染されたすべての場所が元の状態に戻るまでには30年以上かかるでしょう．

　世界全体では，乗用車やトラック，船などから毎年約48万トンの石油の消費に関係する油の漏出があり，これらもまた海洋環境に入り込んでいます．都市部の舗装道路には，乗用車とトラックの運転中に出た油がたまり，小川や河川に流れ込み，それから海に出ていきます．驚くべきことにこれが，海洋環境への人間由来の油汚染の最大の原因であり，油汚染全体の約72％になっています．この汚染原因は，人間社会が発展し人間活動が活発になるほど広がるので，汚染を食い止めることは最も難しくなります．この種の油汚染は慢性的に広がっていくため，海洋生物とその海洋生態系への影響は気づかないうちに進行します．石油に含まれるさまざまな炭化水素の化合物が，多くの海洋生物に有毒であり，しかも体内に蓄積する性質があるため，たとえ低濃度でも，特に幼生段階の海産動物への影響は見過ごせません．


　（＊訳注4）世界の海洋の10％を保護するという国際的な目標のもと，海洋保護区を設定しようという世界的な動きがあります．

# 第 8 章

# 海の恵み

　人類は何千年もの間，海から食料を得てきました．大昔には，まだ人口も少なく漁業に使う船や道具も簡単なものだったので，魚類などの海産物を獲る方法には限界があり，最近まで，水産資源の枯渇はさほど深刻ではありませんでした．しかし，人類の歴史をふまえて水産資源の変遷を研究することにより，人類は何千年にもわたって，水産資源に重大な影響を与えてきたであろうことがわかってきています．特に地中海はその好例です．

　人類は地中海沿岸に 5 万年もの長い間すみ続けています．地中海沿岸の人々は少なくとも 1 万年前には魚介類を獲りはじめ，紀元前 900 年ごろのギリシャ時代とローマ時代以降，海産物は重要なタンパク質の供給源となりました．漁獲した生物は，イルカ，ウミガメ，サメ，エイ，マグロ，マイワ

シ，カタクチイワシ，ボラ，ハタ，カレイ，カキ，イガイ，二枚貝，ホタテ貝などでした．これらのうちいくつかの種類はローマ時代までに地中海からすがたを消してしまい，紀元1世紀までにイタリアの沿岸海域は乱獲の場となり，漁業はシシリア島やコルシカ島のような沖合の島々に広がっていきました．

19世紀後半には，地中海沿岸域の人口が急速に増加し，魚介類の需要が大きく伸びました．20世紀初頭から中頃にかけて，漁業者は漁船にモーターを備えつけるようになり，漁業は地中海の沖合に広がっていきました．今日，地中海の水産資源のすべてが，実質的にもともと生息していた生物種の50％以下に減少したと見積もられ，その約3分の1の生物種がいまはとても希少な種になっています．なかでも，漁業の開始当初から漁獲対象とされた大型の魚類（捕食者）に，最も顕著に影響が表れています．

地中海での漁業開始からずっと後の時代に，水産資源の大がかりな利用がヨーロッパのほかの地域ではじまりました．それはおよそ8世紀か9世紀までに，北欧のヴァイキングがはじめたもので，タラ，コダラ，ポラック，ニシン，そのときに北欧の海に多かったほかの魚類を漁獲しました．ヴァイキングは，その漁業技術をもってグレート・ブリテン島とノルマンディーまで勢力を広げ，ここで11世紀までに漁業技術を確立しました．18世紀の終わりまでには，北欧の水産資源の多くが乱獲によって深刻なほどに減少したことを受け，資源の保護に向けた対策がはじめて講じられるようにな

ります．それにもかかわらず，多数の魚介類を乱獲する集約的な漁業は多少の衰えもないまま続けられ，2000年までに北欧の海洋生物資源の半分以上が乱獲されましたが，さすがにそれは深刻に受け止められました．そして今日のヨーロッパ全体の水産資源は，1900年ごろに比べて10分の1ほどに減ったと見積もられています．さらに今日とヨーロッパの水産資源が未開拓であった時代とを比べると，現在のヨーロッパの海にはかつてそこに泳いでいた魚類の5％以下しか泳いでいないと見積もられています．

　水産資源の利用，すなわち食べることは，歴史上驚くほど初期にヨーロッパから外に向かって広がっていきました．西暦1000年以前に，ヴァイキングは，アイスランドとグリーンランド，そしておそらくカナダ北方の海で，豊富な魚介類を新たな食材として獲るようになりました．約200年後には，スペイン北部のバスク地方の漁師も北大西洋で漁業をはじめているので，1492年のコロンブスのアメリカ発見の航海より前に，北アメリカ沖合の北大西洋でスペイン人は漁をしていたかもしれません．一方，1500年代初期まで，バスク人，フランス人，ポルトガル人の漁師たちは，ヨーロッパ市場に向けて，カナダのニューファンドランド島の沖にあるグランドバンクス（訳注：世界三大漁場のひとつ）と呼ばれる大陸棚で日常的にタラ漁をしていました．1600年までには，一年あたり船150隻分以上のタラがカナダの海で漁獲されていました．水揚げした魚は乾燥または塩漬けの状態にすれば何年も保存できたので，ヨーロッパの人々にとっての手近なタンパク質源となりました．17世紀にヨーロッパの諸

国による北アメリカの植民地化がはじまったことは，北アメリカ東海岸の沖でそれまで手つかずだった水産資源の開拓もはじまることになりました．この漁業ではチョウザメ，サケ，ニシンの仲間のエールワイフやシャッド，カキが獲られました．1800年代初期までには，北アメリカ東海岸では深刻なほど魚介類が減っていく気配が感じられていました．

　1800年代後半と1900年代初期に，世界で急速に都会化と人口増加が進んだことにより，魚介類の需要も急激に増えました．この結果は，水揚げした魚介類の輸送と保存方法の改善につながり，沖合の水産資源の開拓方法も洗練されていき，遠くにある市場への供給ルートも整っていきました．

　第二次世界大戦後になると，世界的に前例のない速さで漁獲量と漁場が増えていきました．それは世界を股にかけた漁船集団の急速な増加と規模の拡大を伴い，さらに漁具の進歩と漁獲物を船上で冷凍処理する技術の導入も増えました．このことは海の恵みである水産資源を大規模な産業にするはじまりでもあり，地球上の海のほぼすべての海洋生物の生息地に産業化の波が浸透していきました．

　エンジン駆動の漁船の出現により，**トロール漁**で底曳き網を利用する超効率的な漁業が可能になりました．トロール漁の底曳き網は大きな円錐形の網で，金属製または木製の開口板（オッターボード）が，船と網の間にあります．オッターボードと網は太いワイヤーロープで船とつながれています．網の円錐形の後端は閉じていておもりが付いており海底まで沈みます．船がワイヤーロープを引っ張っていくと，網は海

底に沿って引っ張られ，同時にオッターボードは網を広げるとともに，網の通り道にいる魚類をはじめとする海産生物を網に追いやる役目も果たします（図33）．大型のトロール網になるとその開いた口の大きさは，サッカー場のグランド一面ほどにもなります．ボビンと呼ばれる鉄かゴムでできた円盤は，底曳き網の開口部の下の縁に並べてフートロープで取り付けられています．これはゴツゴツした海底の上を底曳き網がスムーズに動けるようにします．トロール漁はふつうは浅い大陸棚で操業しますが，最近では水深2000メートルより深い深海の峡谷や海山や大陸棚の斜面のように網を引きにくい場所でも，トロール漁をするようになりました．

図33　漁師がキンメダイでいっぱいになった底曳き網を船上に揚げている様子．

第8章　海の恵み

大陸棚にある重要な漁場では，一年に何度も繰り返し海底の同じ場所を底曳き網でさらっている可能性があります．このような集中的な底曳きトロールは海底の底生生物のすみかを何度も大きく破壊します．そしてトロール漁は海洋生物が何世紀にもわたって築いてきた豊かで複雑な海底の生息地を簡単に削り取り，粉々にしてしまいます．それらの底生生物の中にはハオリムシ，冷水サンゴ，カキなどがいます．そしてこれらの生息地はついには瓦礫と砂だけの単調で何もない場所に変わり果ててしまいます．どの点から見ても，これらの何度も底曳き網で曳かれた海底は永久に変わってしまったのであり，生態系はもはや環境の変化に適応する力を失い，豊さも失われてしまうのです．

　海産魚は何千種もいますが，漁獲量が多い海産魚はいくつかのグループの魚種に集中しています（図34）．水産資源となる魚類の最も大きな割合を占めるグループはニシン目の魚です．この仲間には，小型で群れをつくり，植物プランクトンと動物プランクトンを直接餌としているニシン，マイワシ，カタクチイワシなどのグループが含まれています．もうひとつの海産魚類の重要なグループはタラ科の魚です．この魚種は海底をすみかとし，タラ，コダラ，メルルーサ，ポラックが含まれ，北太平洋と北大西洋の沿岸域に生息します．ヒラメ，オヒョウ，シタビラメ，ツノガレイのようなカレイ目の魚種も大事な海産魚類のひとつの重要なグループで，やはり沿岸域に生息しています．次いで，大型で泳ぎが速く，肉食の遊泳魚であるサバ目のカツオとマグロがいます．マグ

カレイ目の魚（ツノガレイ）

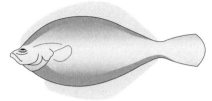

タラ科の魚（タラ）

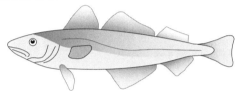

ニシン目の魚（アンチョベータ）

サバ目の魚（マグロ）

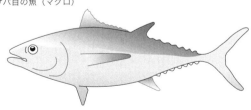

図34　漁業で獲られる海産魚のおもなグループ．

ロはおもに遠洋漁業で漁獲されます.サメも漁業に大事な海産魚グループを構成します[*5].一方,海産無脊椎動物も大規模な水産資源であり,イセエビ,カニ,エビのような節足動物,イカ,カキ,二枚貝のような軟体動物がおもに漁業の対象とされています.

1950年には,海産物の全世界の漁獲量は鮮魚で2000万トン以下でしたが,着実にしかも急速に増加し,1980年代後半までに毎年8000万トン以上が漁獲されるようになりました(図35).しかし,1990年代初期になると,漁獲量は横ばいになります.記録によれば最大の漁獲量は1996年の約8600万トンで,それ以降減りはじめ,2009年の漁獲量は約7990万トンを記録しました.

世界の漁業でいままでに最も漁獲量が多いのは,ペルーの

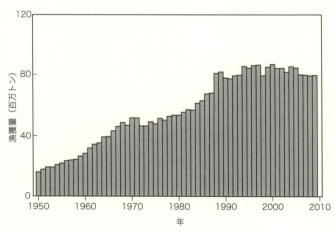

図35 世界全体の海洋漁業における漁獲量の動向.

**アンチョベータ** Engraulis ringens の漁です．特に多い年でなくてもアンチョベータ漁は世界の海産物の漁獲量の 10% かそれ以上を占めています．カタクチイワシ類のアンチョベータ[*6]は，小さな（最大でも体長約 20 センチメートルまで）成長の速い魚で，ペルー沖合の栄養塩に富む湧昇域で植物プランクトンと動物プランクトンを濾過して餌として食べます．彼らは大規模で高密度の群れをつくるので，巻き網漁とトロール漁で効率的に大量に獲ることができます．

アンチョベータの漁獲は年々すさまじく変動し，好調な年の漁獲量は 1100 万トン以上になりますが，不漁の年には漁獲量が 200 万トン付近に下がります．そして，本当に不漁の年には，15 万トン以下にまで下がります．この変動の原因はエルニーニョ南方振動（ENSO）に関係し，その影響は乱獲によってさらに悪化します．エルニーニョ現象が続く間は，東から吹く太平洋貿易風が弱くなるので，暖かい熱帯の表層水が太平洋を渡って東向きに流れるようになり，この暖かい表層水が南アメリカの沿岸に蓄積していきます．この暖かい海水が表層にあるせいで，ペルー沿岸に沿って深海から湧昇してくる栄養塩に富む海水が表層に出てこられなくなり，そしてアンチョベータのおもな餌である植物プランクトンが劇的に減少します．それが原因となりアンチョベータも死んでいきます．さらに，アンチョベータを餌とする海鳥や肉食性の魚類も大量死するしかありません．いままでに，大規模で活発なエルニーニョ現象は，1972～73 年，1976 年，1982～83 年，1997～78 年に発生し，これらの期間に，それまで漁で獲っていた魚類の種類やその漁獲量が劇的に減少し

ました．残念なことに，これらのエルニーニョ現象が続いている間にも乱獲は続き，エルニーニョ現象で減少しているアンチョベータの減少に追い打ちをかけ，両者があいまって漁獲量は激減しました．

　アンチョベータはとても脂肪分の多い魚なので，人間がそのまま食べるとお腹を壊す場合がありますが，高い脂肪含量は魚肉と魚油の理想的な材料であり，とても価値の高い商品になります．魚肉は，魚を煮て，乾燥し，すりつぶしてつくられ，ニワトリ，ブタ，養殖魚の餌として販売され，タンパク質の補給に使われます．魚油は煮た魚から搾り取られ，おもに養殖魚の餌の原料として使われますが，人間用にカプセル入りのサプリメントとしても使われます．ほぼすべてのペルー産アンチョベータは魚肉と魚油へと加工され，魚肉と魚油の世界の生産量の約3分の1を占めています．しかし，魚肉と魚油の需要は非常に大きく，アンチョベータだけでなく全世界の魚類の漁獲量の約3分の1は人間の食事のためではない製品へと加工されています．たくさんの魚から取ったタンパク質を家畜や養殖魚の餌の補充にあてることは，人間が直接食べる場合と比べてエネルギー効率が悪くなり，最初に魚1匹がもっていたエネルギーの約25％のエネルギーしか利用していないことになります．このことは，世界人口の急速な増加に対して食料生産が限界に達しようとしている今日，利用可能なエネルギーを効率的に使えていないといえるかもしれません．しかし，一方で魚肉と魚油の生産に使われる魚類の約90％はそのまま食べても人々の口に合わず，人間の食料としては全然売り物になりません．そのため現在こ

れほど多くの魚類が家畜や養殖魚の餌にされているというわけです.

　毎年世界中の海で,約8000万トンの魚介類が獲られていますが,それを1年のひとりあたりの魚介類の消費に換算すると約11キログラムに相当します.海で獲った魚介類は全世界の数十億人の人々の共有の食料であり,現在は15億人以上の人々に,ひとりが必要とする平均タンパク質量の少なくとも15％以上を魚介類が供給しています.2050年までに世界人口が90億人となる私たちの地球の将来を考えると,地球の表面積の7割を占める海を食料の供給にどのように利用していくのがよいか,私たちは真剣に考えるべきではないでしょうか.

　この大事な質問へのアプローチのひとつの方向は,生態学の基本原理に見出すことができます.それは海洋における栄養段階,すなわち食物連鎖の中にある栄養段階の間でエネルギーが低次から高次へと転送されていくことです.ジョン・ライザーは1969年にはじめてこの観点で,総一次生産量に基づいた全海洋の魚類生産量を見積もりました（表2）[*7].ライザーは,海洋を一次生産力の段階によって3つの海域に区分し,外洋域,沿岸,湧昇域のそれぞれについて考えました.外洋域は,全海洋の中で最も広い海域で,海のほとんどを占めます.外洋域での一次生産力の平均は最低ですが,全海洋の約90％にあたる最大の面積のために一次生産量は大きくなります.次に沿岸域は,全海洋のうち沿岸を含む海域で,面積はずっと小さく全海洋の約10％ですが,外洋域

表2 全海洋における魚類の推定総生産量

| 海域 | 海域の広さ (%) | 平均一次生産力 (gC/m$^2$/年) | 総一次生産量 (10億トンC/年) | 栄養段階数 | 効率 (%) | 魚類生産 (トン生重量/年) |
|---|---|---|---|---|---|---|
| 外洋 | 90.0 | 50 | 16.3 | 5 | 10 | 160万 |
| 沿岸 | 9.9 | 100 | 3.6 | 3 | 15 | 1億2000万 |
| 湧昇 | 0.1 | 300 | 0.1 | 1.5 | 20 | 1億2000万 |
| 合計 | | | | | | 約2億4000万 |

よりは大きな一次生産力になります．第3の海域は湧昇域とライザーが新しく記載した海域で，全海洋のおもな湧昇域をすべて含みます．ここは全海洋の約1％にすぎないのですが，平均一次生産力はとても高くなります．

ライザーは次に3つの海域それぞれで，一次生産者と漁獲される魚種との間にいくつの栄養段階があるかを見積もりました．外洋域の食物網は複雑になるので，ライザーは一次生産者と魚類との間に平均して5つの栄養段階があると推論しました．これに対して湧昇域の食物網はとても単純です．ペルーのアンチョベータ漁はこの好例です．アンチョベータは濾過した植物プランクトンや動物プランクトンを直接食べるので，これらの一次生産者の上にひとつまたはふたつの栄養段階しかありません．そこでライザーは湧昇域には一次生産者と魚類との間は1.5栄養段階であると提唱しました．ライザーは沿岸域については，外洋域と湧昇域との間の過渡的な状態であるとして，3栄養段階としました．

ライザーはそれから最初の基本原理に戻り，それぞれの海域について栄養段階の間のエネルギー転送効率を見積もりました．外洋域は複雑な食物網をもっていますがエネルギー転

送は最小の効率しかないことがわかり，10％と計算されました．逆に湧昇域は単純な食物網であってもエネルギー転送は高い効率であることがわかり，20％と見積もられました．沿岸域は，外洋域と湧昇域のエネルギー転送効率の中間の値になる15％となりました．

　ライザーは次にそれぞれの海域の一次生産力について，入手できたすべての情報を使って年間総一次生産量を見積もりました．そして一次生産量，栄養段階，エネルギー転送効率のすべてのデータを統合し，最終的に1年間で2億4000万トンという漁獲される魚類の総生産量の数字を導き出しました．

　ライザーの解析からいえることのひとつは，漁獲される魚類の生産量から見ると沿岸域と湧昇域が圧倒的に重要だということです．その理由は高い一次生産性と単純な食物網にあります．このふたつの海域を合わせて，全海洋の漁獲できる魚類のほとんどがここで獲れます．外洋域はその巨大な広さにもかかわらず，魚類の生産量がとても低いのです．これらのことは既知の事実と矛盾せず，水産業の最も大きな市場となる魚類は，ニシン目の魚類，タラ科の魚類，カレイ目の魚類であり，それらはすべて全海洋の湧昇域と浅い沿岸域に生息しています．例外は巨大な海洋生態系の頂点にいる肉食の捕食者で，遠洋漁業の対象となっているマグロ，カツオなどの魚種です．

　漁獲量2億4000万トンのすべてが漁獲できるとは限りません．もしすべてが漁獲されたならば，子孫が残らなくなり

将来の漁業を継続することができなくなります．また，人間以外にも，海産哺乳類や海鳥のような食物網の頂点にある捕食者も魚類を食べます．ライザーはこのことから毎年変わらず消費される基本的な消費量を考慮に入れて，人間が獲ることのできる魚類の漁獲量は最大で約1億トンであると見積もりました．

J・A・グランドは，1971年にライザーと同様の方法を使って全海洋の最大漁獲量を見積もり，無脊椎動物を含まない場合に1年あたり1億トン近くになるとしました．しかし，グランドはすべての魚類を常に理想的な漁業で獲ることは計算ではできても実際の漁では不可能であることを考慮し，1億トンより低い8000万トンがより現実的であることを示しました．

これらの重要な研究は，生態学の理論に基づいて全海洋から持続的に漁獲できると期待される魚類の量を理論的に見積もったもので，どれだけ地球上に食べられる魚がいるのか，これからも食べ続けられるのかを私たちに示してくれました．現実には，すべての海産魚類は1年に8000万トンより少ないところで安定して獲られており，理論的アプローチでの漁獲量が実際よりも多くなります．これは理想的な環境の下で漁獲されるであろうと期待される漁獲量は過度に見積もられるためです．しかし，海産魚の実際の漁獲量とは違う見積もりの結果になるとしても，確かに明白にいえることがあります．それは，海洋での漁業は現在十分に漁場が開拓され，漁法も発展しており，急増する人口に対して海洋から食

料を獲ろうとしたとしても，今後自然界の魚類の数を増やすことはほとんどできない，という厳しい現実です．近い将来90億人が食べていくために必要な食料の70％ほどをどこかから追加調達しなければならなくなるでしょう．

この結論は，世界の海洋漁業資源がますます危機的な状態になっていることからも確実にいえることです．国連食糧農業機関（FAO）が出した最新情報（「世界漁業・養殖魚白書」，2010年）は，すべての漁業資源の半分以上（53％）がすでに目いっぱい利用されていること，現在の漁獲は持続可能な生産レベルの限界あるいはそれに近いこと，さらなる利用のための余地はないことを示しています．漁業資源の32％は乱獲で減少しています．残りの15％の漁業資源のうち，12％は適度な利用が配慮されており，3％だけが漁場を開発中です．過去40年以上にわたり，適度に利用されてきたか，あるいはまだ利用されていない漁業資源は劇的に減少しており，1970年代の中頃にはすべての漁業資源の40％でしたが，いまでは15％付近まで減ってしまいました．

ここまで述べてきたことは，だいたいにおいて地球の海洋漁業の現状の恐ろしい様子を伝えています．漁業資源の大部分は乱獲され，差し迫った崩壊の危機に直面しています．資源は目いっぱいに利用されていてこれ以上手を広げることができません．そして，乱獲で過度に漁獲されています．すなわち，漁獲されずに残されている漁業資源はほとんど残っていないのです．実際の問題はそれほど多くはありません．私たちが海からさらに多くの魚を得られるかどうかではなく，

私たち人類という生物にとって海洋の漁業資源はきわめて重要な食料であり，現在獲っている漁業資源を今後も持続できるかどうかを考えることが重要なのです．

　この問題についての確実な合意はまだありませんが，将来を悲観する理由は十分にあります．世界人口の急な増加は，常に海産物の需要を増やし，そこで乱獲をはじめとした漁業資源を次々と直撃する危機をコントロールすることはますます難しくなるでしょう．世界各国の政府は，より熱心に休むことなく取り組み，漁業資源を長期にわたって持続可能にする漁業政策をとらなければならないでしょう．また，これらの処置を実施するために，さまざまな漁業資源を増やす準備をしなければなりません．政府は乱獲などによって完全に枯渇した漁業資源に対して，悪いものは悪いと厳しい判断をしなければならないでしょう．海産物の小売業者と消費者もここで重要な役割を演じることになります．漁業資源の乱獲は，消費者の要求に駆られて行っているのがほとんどだからです．もし消費者が適切な教育を受け，そして乱獲の問題についての知識をもっていれば，乱獲された海産物は購入しなかったり，持続可能な漁業を支えるためにそこで獲られた海産物を買う立場をとったりするでしょう．適切に管理された漁業で獲った魚類と乱獲や管理されない漁業で獲った魚類を記録した海図を，いくつかの店で手に入れることができます．これを購入すれば消費者はよりよい選択ができるようになるでしょう．

　海洋漁業を再建するためのきわめて重大な段階は，海洋保

護区のネットワークの構築であり，カラム・ロバーツは彼の本 "The Unnatural History of the Sea（海の不自然な歴史）" ではじめてそれを雄弁に論じました．私たちは，陸上の国立公園と地域の広域公園，保護区を良識のある要求として当たり前のことと思っています．その要求は大きくなる人間の圧力に直面して，陸上の野生生物と風景の重要で代表的な場所を保全するものだからです．いま，地球の陸域の約 12% が，何らかの保護形態にあります．これに対応する形態は，海洋ではよくて 1% 以下であり，そのほとんどでいくつかの漁業の形態がまだ許されています．人類による利用が完全に制限された海域はわずかで，何の漁も行われない少数の海洋保護区が散在するだけです．

　**海洋保護区**は，まだ比較的開発が行われていない海洋生物の代表的な生息地を保存するために大事な取り組みです．また保護区は，ダメージを受けた環境が回復できるように海洋生態系が正常に機能するまで生態系の再建を助けることもできます．保護区は漁業の回復にも役に立ちます．海洋保護区の中では，漁業の対象となる魚類と無脊椎動物は獲られずに成長し，長生きする可能性が高くなり，保護区はそれらを保護します．成長して大きな体になると，もっている卵の数が増え，そして産卵する卵の数が多くなります．また寿命が長くなれば，産卵する回数も時間も増えます．こうして，魚介類の数が増えはじめると，地域の漁業は回復しはじめることができるのです．また海洋保護区がつくる「スピルオーバー効果（流出効果）」があります．海洋保護区の中で魚類やイセエビのようなさまざまな移動性の動物種の個体群が回復

し,増殖しはじめるとき,個体の数はついには保護区の中で飽和状態となり,釣りや漁業が活発で生物が保護されていない地域にまで広がりはじめます.また,保護区の中の大型動物が高密度な個体群をつくると,多数の卵を産み,幼生が多数育つので,それらが保護区から隣接する海域に流れて行きます.そして,隣接する海域には保護区からの海産生物が新規に加わり,増えていきます.多くの漁民が気づいているように,驚くべきことでもなく,最良の漁場は海洋保護区として管理されている海域の隣にあることがよくあるのです.

重要な問いは,乱開発され尽くした海洋生態系を,今後も海洋生物の漁場として継続できるように回復させるには,全海洋のどのくらいの海域を保護する必要があるか,ということです.この漁業管理学や保全生態学などの専門分野の海洋学者の合意は,水産業への回帰を最大限にするために海洋の20〜40%にあたる海域が保護される必要があるということです.これには,現在,沿岸から外洋まで広範囲に散在している保護区の面積のだいたい50倍の海域を必要とします.いくつかの国は水産業の将来像を考慮して大胆に動いています.たとえば,南アフリカはすでに沿岸域の約18%を保護区とし,沖のほうへ生態系を保護する海域を拡大しています.また,オーストラリアではグレートバリアリーフの10万平方キロメートルが禁漁区として保護されています.しかし,もっと多くの保護区制定とさらなる管理,そしてずっと速いペースでそれらを進める必要があります.そのためには海洋保護の世界的なネットワークを確立し,それを運営する

ための費用も必要です．費用は高額になりますが，漁業の漁獲高に期待される増収，漁業や保護区で新たに生まれる多くの雇用，保護区を訪問する人々が増えればその地域の収入増加，というように収入は支出を相殺し，さらにそれ以上の収入が期待されます．

　海洋保護区は海洋のすべての問題を解決するわけではありません．乱獲を別として，海洋生態系は，化学物質による汚染，農業排水，土砂の堆積，海洋の温暖化や酸性化といった気候変動の影響などからのストレスを多く受けています．しかもそのすべてが海洋保護区とそうでない海域の境界には無関係であり，海洋生態系がもっている豊かな海の生産力を減少させるようにすべてのストレスが相乗的に働きます．これらの問題に言及するには，海だけでなく地球全体の規模での地球環境の管理についてアプローチが必要となるでしょう．そして，私たち人間は，地球のすべての生態系とどのように相互に関係し合い，また理解し，さらにどのように地球の資源を使っていくのか，という人間と自然との根本的な関係の再評価が必要ではないでしょうか．これは人間社会の最大の挑戦です．今後20年から30年にわたり，私たちの人口は90億に向かって着実に増え続けていきます．私たちの生き方は，地球上で最大かつ最重要な生態系である全海洋の将来を決定し，それは地球の将来も決定することになるでしょう．

(＊訳注5) 中華料理用にフカヒレだけを入手する漁業で世界のサメ類を激減させました．

(＊訳注6) アンチョベータはカタクチイワシ属なのでカタクシイワシと表記されることもあります．

(＊訳注7) ライザーは一次生産者の植物プランクトンが光合成をするために吸収する炭素に着目し，海洋における炭素の吸収速度から植物プランクトンの量をまず見積もりました．

# 参考文献

## おすすめの教科書

A. Berta, J. L. Sumich, and K. M. Kovacs, "Marine Mammals: Evolutionary Biology, 2nd edn", Burlington, MA: Academic Press, 2006.

T. Garrison, "Oceanography: An Invitation to Marine Science, 8th edn", Belmont, CA: Brooks, Cole, Thomson Learning, 2013.

P. J. Hogarth, "The Biology of Mangroves and Seagrasses", New York: Oxford University Press, 2007.

G. Karleskint, Jr., R. Turner, and J. W. Small, Jr., "Introduction to Marine Biology, 4th edn", Belmont, CA: Brooks/Cole, Cengage Learning, 2010.

J. W. Nybakken and M. D. Bertness, "Marine Biology: An Ecological Approach, 6th edn", San Francisco, CA: Pearson, Benjamin Cummings, 2005.

C. Roberts, "The Unnatural History of the Sea", Washington, DC: Island Press/Shearwater Books, 2007.

E. E. Ruppert, R. S. Fox, and R. B. Barnes, "Invertebrate Zoology: A Functional Evolutionary Approach, 7th edn", Belmont, CA: Cengage Learning, 2004.

## 海洋生物学の個別のトピックに関する文献

Anonymous, 'Land use and the Great Barrier Reef: current state of knowledge, revised edn', CRC Reef Research Centre, 2003. ( http://crcreef.jcu.edu.au/publications/brochures/index.html )

Anonymous, 'Oil in the Sea III: Inputs, Fates, and Effects' National Academies Press, 2003. ( http://www.nap.edu/catalog/10388.html )

Anonymous, 'The State of World Fisheries and Aquaculture 2010', FAO Fisheries and Aquaculture Department, Food and Agriculture Organization of the United Nations, Rome (2010).

M. Allsopp, A. Walters, D. Santillo, and P. Johnston, 'Plastic Debris in the

World's Oceans (44 pages)', Greenpeace International, UNEP, 2006.

D. M. Anderson, P. Glibert, and J. M. Burkholder, 'Harmful algal blooms and eutrophication: nutrient sources, composition and consequences', *Estuaries*, 25 (2002), No 4b: pp. 704–26.

A. Atkinson, V. Siegel, E. Pakhomov, and P. Rothery, 'Long-term decline in krill stock and increase in salps within the Southern Ocean', *Nature*, 432 (2004): pp. 100–3.

M. Breitbart, L. R. Thompson, C. A. Suttle, and M. B. Sullivan, 'Exploring the vast diversity of marine viruses', *Oceanography*, 20 (2) (2007): pp. 135–9.

J. C. Castilla, and L. R. Duran, 'Human exclusion from the rocky intertidal zone of central Chile: the effects on Concholepas concholepas (Gastropoda)', *Oikos*, 45 (1985): pp. 391–9.

M. R. Clark, D. Tittensor, A. D. Rogers, P. Brewin, T. Schlacher, A. Rowden, K. Stocks, and M. Consalvey, 'Seamounts, deep-sea corals and fisheries: vulnerability of deep-sea corals to fishing on seamounts beyond areas of national jurisdiction', UNEP-WCMC, Cambridge, UK (2006).

Maj De Poorter, C. Darby, and J. MacKay, 'Marine menace: alien invasive species in the marine environment', Gland, Switzerland: IUCN, 2009: pp. 1–31.

R. J. Diaz and R. Rosenberg, 'Spreading dead zones and consequences for marine ecosystems', *Science*, 321 (5891) (2008): pp. 926–9.

N. C. Duke, J.-O. Meynecke, S. Dittmann, A. M. Ellison, K. Anger, U. Berger, S. Cannicci, K. Diele, K. C. Ewel, C. D. Field, N. Koedam, S. Y. Lee, C. Marchand, I. Nordhaus, and F. Dahdouh-Guebas, 'A world without mangroves?', *Science*, 317 (5834) (2007): pp. 41–2.

J. J. Elser et al., 'Global analysis of nitrogen and phosphorus limitation of primary producers in freshwater, marine and terrestrial ecosystems', *Ecology Letters*, 10 (2007): pp. 1–8.

P. G. Falkowski, 'The ocean's invisible forest', *Scientific American*, 287, (August 2002): pp. 54–61.

G. M. Filippelli, 'The global phosphorus cycle: past, present, and future', *Element*, 4 (2008): pp. 89–95.

J. A. Fuhrman, 'Marine viruses and their biogeochemical and ecological effects', *Nature*, 399 (1999): pp. 541–8.

J. A. Gulland, ed., "The fish resources of the ocean", West Byfleet, UK, Fishing News (Books) Ltd (1971).

J. B. C. Jackson, 'Ecological extinction and evolution in the brave new ocean', *Proceedings of the National Academy of Science of the USA*, 105 Suppl. 1 (2008): pp. 11458–65.

J. B. C. Jackson, 'The future of the oceans past', *Philosophical Transactions of the Royal Society of London*, B 365 (2010): pp. 3765–8.

J. B. C. Jackson, 'What was natural in the coastal oceans?', *Proceedings of the National Academy of Science of the USA*, 98 (10) (2001): pp. 5411–8.

J. B. C. Jackson, M. X. Kirby, W. H. Berger, K. A. Bjorndal, L. W. Botsford, B. J. Bourque, R. H. Bradbury, R. Cooke, J. Erlandson, J. A. Estes, T. P. Hughes, S. Kidwell, C. B. Lange, H. S. Lenihan, J. M. Pandolfi, C. H. Peterson, R. S. Steneck, M. J. Tegner, and R. R. Warner, 'Historical overfishing and the recent collapse of coastal ecosystems', *Science*, 293 (5530) (2001): pp. 629–37.

K. H. Kock, 'Antarctic marine living resources — exploitation and its management in the Southern Ocean', *Antarctic Science*, 19 (2) (2007): pp. 231–8.

W. Lampert, 'The adaptive significance of diel vertical migration of zooplankton', *Functional Ecology*, 3 (1989): pp. 21–7.

H. K. Lotze, M. Coll, and J. A. Dunne, 'Historical changes in marine resources, food-web structure and ecosystem functioning in the Adriatic Sea, Mediterranean', *Ecosystems*, 14 (2011): pp. 198–222.

L. McClenachan, J. B. C. Jackson, and M. J. H. Newman, 'Conservation implications of historic sea turtle nesting beach loss', *Frontiers in Ecology and the Environment*, 4 (2006): pp. 290–6.

D. G. M. Miller, 'Exploitation of Antarctic Marine Living Resources: A brief history and a possible approach to managing the krill fishery', *South African Journal of Marine Science*, 10 (1991): pp. 321–39.

M. Mulhall, 'Saving the rainforests of the sea: an analysis of international efforts to conserve coral reefs', *Duke Environmental Law and Policy Forum*, 19 (2009): pp. 321–51.

E. Ramirez-Llodra, A. Brandt, R. Danovaro, E. Escobar, C. German, L. Levin, P. Martinez Arbizu, L. Menot, P. Buhl-Mortensen, B. Narayanaswamy, C. Smith, D. Tittensor, P. Tyler, A. Vanreusel, and M. Vecchione, 'Deep, diverse and definitely different: unique attributes of the world's largest ecosystem', *Biogeosciences Discussions*, 7 (2010): pp. 2361–485.

A. D. Rogers and D. d'A. Laffoley, 'International earth system expert workshop on ocean stresses and impacts, Summary report (18 pages)', IPSO Oxford, 2011.

S. A. Sandin, J. E. Smith, E. E. DeMartini, E. A. Dinsdale, S. D. Donner, A. M. Friedlander, T. Konotchick, M. Malay, J. E. Maragos, D. Obura, O. Pantos, G. Paulay, R. Morgan, R. Forest, R. F. Schroeder, S. Walsh, J. B. C. Jackson, N. Knowlton, and S. Enric, 'Baselines and degradation of coral

reefs in the northern Line Islands', *PLoS ONE*, 3 (2008): e1548.
C. R. Smith and A. R. Baco, 'Ecology of whale falls at the deep-sea floor, in R. N. Gibson and R. J. A. Atkinson, eds', *Oceanography and Marine Biology: An Annual Review*, 41 (2003): pp. 311–54.
J. Smith, P. Fong, and R. Ambrose, 'The impacts of human visitation on mussel bed communities along the California coast: are regulatory marine reserves effective in protecting these communities?', *Environmental Management*, 41 (4) (2008): pp. 599–612.
C. A. Suttle, 'Marine viruses—major players in the global system', *Nature Reviews Microbiology*, 5 (2007): pp. 801–12.
M. J. Tegner and P. K. Dayton, 'Ecosystem effects of fishing in kelp forest communities', *ICES Journal of Marine Science*, 57 (2000): pp. 579–89.
A. R. Townsend and R. W. Howarth, 'Fixing the global nitrogen problem', *Scientific American*, 302 (February 2010): pp. 50–7.

## 訳者がすすめる書籍

### 海と生物を広く学ぶための書籍

柳哲雄 著,『海の科学―海洋学入門 第3版』, 恒星社厚生閣, 2011年.

P. Pinet 著, "Invitation to Oceanography, 4th edition", Jones and Bartlett, 2006 (邦訳:東京大学海洋研究所 監訳,『海洋学』, 東海大学出版会, 2010年).

全国高等学校水産教育研究会 編,『水産と海洋の科学』, 海文堂出版, 2014年.

C. M. Lalli, T. R. Parsons 著, "Biological Oceanography: an introduction", Butterworth-Heinemann, 1997 (邦訳:關文威 監訳, 長沼毅 訳,『生物海洋学入門 第2版』, 講談社, 2005年).

JAMSTEC Blue Earth 編集委員会 編,『はじめての海の科学 (JAMSTEC BOOK)』, ミュール, 創英社/三省堂書店, 2008年.

蒲生俊敬 編著,『海洋地球化学』, 講談社, 2014年.

松田裕之 著,『海の保全生態学』, 東京大学出版会, 2012年.

水産海洋学会 編,『水産海洋学入門―海洋生物資源の持続的利用』, 講談社, 2014年.

会田勝美 編,『水圏生物科学入門』, 恒星社厚生閣, 2009年.

海洋政策研究財団 編,『海洋白書2014―「海洋立国」に向けた新たな海洋政策の推進』, 成山堂書店, 2014年.

### 海洋の生物生産に関する書籍

白山義久ほか 編集,『海洋保全生態学』, 講談社, 2012年.

D. Raffaelli, S. J. Hawkins 著, "Intertidal Ecology", Chapman & Hall, 1996

(邦訳：朝倉彰 訳,『潮間帯の生態学（上・下）』, 文一総合出版, 1999年).

**北極・南極の海洋生物学に関する書籍**
神沼克伊 著,『地球環境を映す鏡—南極の科学』, 講談社ブルーバックス, 2009年.
永延幹男・村瀬弘人・藤瀬良弘 編著,『南極海—氷の海の生態系』, 東海大学出版会, 2013年.

**深海の生物に関する書籍**
藤倉克則・奥谷喬司・丸山正 編著,『潜水調査船が観た深海生物—深海生物研究の現在』, 東海大学出版会, 2012年.
藤原義弘 著,『深海のとっても変わった生きもの』, 幻冬舎, 2010年.

**サンゴに関する書籍**
中村庸夫 著,『サンゴとサンゴ礁のビジュアルサイエンス—美しい海に生きるサンゴの不思議な生態を探る』, 誠文堂新光社, 2012年.
日本サンゴ礁学会 編, 鈴木款・大葉英雄・土屋誠 責任編集,『サンゴ礁学—未知なる世界への招待』, 東海大学出版会, 2011年.

## 海外の有用なウェブサイト
http://www.mbl.edu　シカゴ大学海洋生物学研究所のウェブサイト.
http://www.whoi.edu　ウッズホール海洋研究所のウェブサイト.
http://ioc-unesco.org/hab/　ユネスコ政府間海洋学委員会（IOC）の有害藻類に関するプログラムのウェブサイト.
http://www.antarctica.gov.au/　オーストラリア南極局のウェブサイト.
http://www.gbrmpa.gov.au　グレートバリアリーフ海洋公園局のウェブサイト.
http://www.mbari.org　モントレー湾水族館研究所.
http://www.fao.org/fishery/en　国際連合食糧農業機関（FAO）の水産養殖局のウェブサイト.

## 訳者がすすめる日本語のウェブサイト
http://www.jamstec.go.jp/jcoml/c1about.html　海洋生物のセンサス CoML（Census of Marine Life）のウェブサイト.
http://www.iobis.org/ja　世界中の海洋生物のデータを検索するためのシステム OBIS（Ocean Biogeographic Information System）のウェブサイト.
http://www.jamstec.go.jp/jcoml/c1about.html#cnt6realm　海洋生物の14のフィールドプロジェクトのウェブサイト.
http://journals.plos.org/plosone/article?id=10.1371/journal.pone.0011836

2010年のPLOS ONE 5号には海洋生物のセンサス（CoML）の成果が多数発表されている．そのうち日本の海の生物多様性は以下の論文で報告されている．K. Fujikura, D. Lindsay, H. Kitazato, S. Nishida, Y. Shirayama, 'Marine Biodiversity in Japanese Waters', *PLOS ONE*, 5 (2010) e11836.

http://www.biodic.go.jp/biodiversity/　環境省の生物多様性のウェブサイト．

http://www.wwf.or.jp/activities/wildlife/cat1016/　WWFジャパン（公益財団法人世界自然保護基金ジャパン）のウェブサイト．

http://www.env.go.jp/nature/biodic/coralreefs/　環境省のサンゴ保全の取り組みのウェブサイト．

http://www.jfa.maff.go.jp/j/kikaku/tamenteki/kaisetu/moba/index.html　水産庁の藻場・干潟・サンゴ礁の保全のウェブサイト．

http://www.jamstec.go.jp/biogeos/j/mbrp/deco/　JAMSTEC（独立行政法人海洋研究開発機構）の深海生態系研究チームのウェブサイト．

http://www.nipr.ac.jp/　国立極地研究所のウェブサイト．

http://www.jamstec.go.jp/rcgc/j/aocsrg/　JAMSTEC（独立行政法人海洋研究開発機構）の北極域環境・気候研究グループのウェブサイト．

http://www.jamstec.go.jp/rigc/nhcp/　JAMSTEC（独立行政法人海洋研究開発機構）の北半球寒冷圏研究プログラムのウェブサイト．

http://www.jamstec.go.jp/rcgc/j/medrg/　JAMSTEC（独立行政法人海洋研究開発機構）の海洋生態系動態変動研究グループのウェブサイト．

http://www.research.kobe-u.ac.jp/rcis-kurcis/station/search.html　全国の臨海実験所のリスト．

**海洋あるいは海洋生物に関する学会**

日本海洋学会　http://kaiyo-gakkai.jp/jos/
日本地球惑星科学連合　http://www.jpgu.org/
日本水産学会　http://www.jsfs.jp/
水産海洋学会　http://www.jsfo.jp/
日本ベントス学会　http://benthos-society.jp/
日本プランクトン学会　http://www.plankton.jp/
日本船舶海洋工学会　http://www.jasnaoe.or.jp/
日本サンゴ礁学会　http://www.jcrs.jp/

# 図の出典

図7a
Hannes Grobe/AWI/Wikimedia Commons

図7b
©Science Photo Library/PPS 通信社

図7c
Alex Poulton, National Oceanography Centre, UK

図8
Source: Tom Garrison, *Oceanography: An Invitation to Marine Science* (2013)

図14a
Santa Barbara Coastal Long Term Ecological Research Program

図14b
Photograph by Michael Quill

図16
Photograph: Dr Christopher Krembs and Dr Andrew Juhl

図18
Uwe Kils/Wikimedia Commons

図20
Ove Hoegh-Guldberg, Global Change Institute, University of Queensland

図21
Source: http://www.iyor.org/reefs/

図24
David Burdick/National Oceanic and Atmospheric Administration/Department of Commerce

図25
Doug Moyer Getty Images

図27
NOAA Okeanos Explorer Program, INDEX-SATAL 2010, NOAA/OER

図28
Craig Smith and Mike DeGruy

図29
Photograph by Dr Verena Tunnicliffe, University of Victoria, Canada

図30
Bcasterline/Wikimedia Commons

図32
Courtesy of the U.S. Geological Survey

図33
Photograph by Jeremy Prince

図35
Hugo Ahlenius, UNEP/GRIDArendal

# 索 引

DOM　　→溶存有機物
DSL　　→深海音波散乱層
ENSO　　→エルニーニョの南方振動
HAB　　→有害な藻類の大発生
HNLC 海域　　→高窒素-低クロロフィル海域
pH　　10
POM　　→粒状有機物

## あ 行

アイスアルジー　　→微細藻類
アオウミガメ　　51〜52
アオコ現象　　68
赤潮　　58〜60
赤マングローブ　　115
アザラシ　　74
アデリーペンギン　　82
油汚染　　160
アマモ　　51
アルギン　　49, 159
アルビン　　139
アンチョベータ　　35〜36, 169, 171〜172, 174, 182
イガイ　　143, 150, 156〜157, 158

錨水　　85
イシサンゴ　　95
磯焼け　　46, 47
一次消費者　　23
一次生産　　19
　──のしくみ　　27
一次生産力　　27
　──の測定　　27〜29
　──のパターン　　30〜35
一斉産卵　　103
イワシクジラ　　86
岩海苔　　159
ヴァイキング　　164〜165
ウイルス　　4, 38
渦　　13
渦鞭毛藻　　21, 58, 71
ウニ　　45〜48
ウニ磯焼け　　46, 47
栄養段階　　23, 72
エクソン・バルディーズ号　　161
エクマン輸送　　32
エクマンらせん　　32
エスカ　　125
エネルギー転送　　39
エルニーニョの南方振動(ENSO)

35～36, 171～172
塩　5
沿岸域　41
沿岸湧昇　32～34
塩水管　→ブラインチャネル
円石藻　22
塩分　5
オオウキモ　44
オオクチ　86
大潮　148
オゾン層　89
オッターボード　166～167
オットセイ　85, 88
オニヒトデ　105～107
オニボウズギス　124
温暖化　6, 75, 114

**か 行**
カイアシ　36, 37, 72
海溝　3
海水　5
海底
　——の生物群集　54～56
海山　3, 134～139
海草　49～54
海盆　1, 3
回遊　52
海洋
　——の圧力　8
　——の一次生産者　20～22
　——の動き　13～17
　——のエネルギーの移動　36～40
　——の環境条件　4
　——の水温　5～7
　——の光　8
外洋　173～174
海洋酸性化　12, 114
海洋性光合成細菌　20

海洋大循環モデル　16～17
海洋保護区　158, 159, 179～181
外来種　61～63
海流　15
海嶺　3
化学合成　141
カキ　150
カサガイ　150, 153
カタクチイワシ　171, 182
カツオ　169, 174
褐虫藻　96～98, 102, 113
カニクイアザラシ　82
カニ　150
カレイ　55, 168, 169, 175
環礁　98
環流　13
気候変動　11, 113, 181
キーストーン種　48
北大西洋深層水　15, 77
キヒトデ　62～63
キャノピー　45
共生　97
漁獲量の見積もり　175～177
漁獲量の動向　170
漁業の歴史　163～166
極限環境　141
裾礁　99
魚類生産量　173～175
クシクラゲ　62
クジラ　131～134
グランド, J・A　176
グランドバンクス　165
グレートバリアリーフ　92, 100, 107, 111, 180
クロサンゴ　135
グローバルオーシャン　→全海洋
黒マングローブ　115, 117

群体　　→コロニー
鯨骨生物群集　131〜134
珪藻　20, 21, 71, 78
ケルプ　42, 43
　　――の森の生物群集　42〜49
懸濁物　8, 51
懸濁物食者　55
光合成　23
高窒素-低クロロフィル（HNLC）海域　26
高潮帯　152〜154
コオリウオ　84
氷棚　77
ゴカイ　55
呼吸根　115
国連食糧農業機関（FAO）　177
古細菌　141
小潮　149
コッコリス　22
コリオリ効果　32
コロニー　95〜96
コンベアベルトモデル　→海洋大循環モデル

## さ 行

細菌　141
細菌プランクトン　37
再導入　49
サイドスキャンソナー　133
ザトウクジラ　86
サバ目　168, 169
サメ　170
サルパ　88
サンゴ
　　――の生物学　95〜98
　　――の白化現象　113
　　――の有性生殖　103〜104
サンゴ礁　91〜115
　　――の種類　98〜100

　　――の生態系　100〜103
　　――の破壊　104〜107
　　――の分布　94
　　――への人類の影響　108〜115
酸素　9〜10
酸素極小層　7, 9
シアノバクテリア　20, 153
紫外線　89
刺胞細胞　98
ジャイアントケルプ　44
ジュゴン　53
礁湖　99
植物プランクトン　20
食物網　72, 118
食物連鎖　36
シロウリガイ　143
シロナガスクジラ　86
深海
　　――の環境　121〜123
　　――の生物　123〜127
　　――底の動物　127〜131
深海音波散乱層（DSL）　136
深海漁業　137
シンカイコシオレエビ　132
深海平原　3
水圧　8
水温　5〜7
水温躍層　6, 7
スカベンジャー　133
スピルオーバー効果　179
生食連鎖　36, 40
生物学的侵略　60〜64
生物発光　122
セミクジラ　86
全海洋　1
　　――の地理　1〜4
繊毛虫類　38
造礁サンゴ　93, 95

足糸繊維　150
底魚　55
底曳き網　166〜168

**た　行**

ダイオウホウズキイカ　83
堆積物食者　55
太平洋ごみベルト　66
大陸斜面　2
大陸棚　2
卓越風　33
多年氷　70
タマキビ　149〜150, 153
タラ　55, 72, 165, 168, 169, 175
タールボール　160
炭酸カルシウム　12, 114
炭素14法　28
地衣類　153
窒素　24, 57, 101, 111
窒素固定　24
窒素固定細菌　102
窒素循環　56
チャレンジャー号　4
中央海嶺　3
中潮帯　152〜154
潮間帯　147
　　——の生物の適応　149〜151
　　——の帯状分布　151〜158
　　——への人類の影響　158〜162
潮汐　148〜149
チョウチョウウオ　102
チョウチンアンコウ　124
沈木　134
ツノガレイ　169
底生魚　55
底生ゾーン　4
低潮帯　152〜155

ティブロン　132
テイラー柱　136
鉄　26
デッドゾーン　56〜58
デトリタス　51
デトリタス食者　51
等脚類　153
動物プランクトン　135〜136
トロール漁　137〜138, 166〜168

**な　行**

内生動物　54
ナガスクジラ　86
南極
　　——の海洋生物学　76〜90
ナンキョクオキアミ　78〜83, 87〜88
南極条約協議国会議　85
南極底層水　15
南大洋　76
二酸化炭素　10〜12
ニシン目　168, 169, 175
二枚貝　55
熱塩循環　15
熱水噴出孔　139〜145

**は　行**

配偶体　43
排他的経済水域　138
ハオリムシ　140, 142〜143, 145
ハダカイワシ　123
白化現象　113
発光器　123
バラスト水　60〜64
ヒウチダイ　137
ヒゲ板　80
ヒゲクジラ　80

微細藻類(アイスアルジー)
　　74, 78
ヒザラガイ　150
微生物食物網　71
微生物ループ　39, 40
飛沫帯　152〜153
ヒョウアザラシ　83
漂泳ゾーン　4
表生生物　55
表層流　13〜14
富栄養化　56
フジツボ　150, 153〜154, 156〜157
腐食連鎖　39, 40
ブダイ　103
付着器　43
不凍物質　150
浮嚢　45
ブラインチャネル　71〜72
プラスチックごみ　64〜68
ブラックスモーカー　140
プラヌラ　→幼生
プランクトン　13
プルーム　30
プルーム　142
ヘモグロビン　84
ベロエ　62
ベントス生態系　74
鞭毛虫類　38
貿易風　35
胞子体　44
捕鯨　86, 88
堡礁　99
捕食圧　156
北極海
　　——の海洋生物学　69〜75
ホッキョクグマ　74
ホネクイハナムシ　133〜134
ホラガイ　106

ポリニア　75
ポリプ　95〜96
ホワイトスモーカー　140

**ま　行**

埋在生物　54
巻貝　150, 158
マグロ　168, 169, 174
マッカレルワニクチ　86
マッコウクジラ　83
マット　142
マナティー　53
マリアナ海溝　3
マリンスノー　127
マンガル　115
蔓脚　154
マングローブ　115〜119
むかご　117
無人探査機(ROV)　128
ムネミオプシス　62
明暗瓶法　28
メタン　141
藻場　49〜54

**や　行**

有害な藻類の大発生(HAB)
　　58〜60
有光層　8
湧昇　16, 32〜34, 174
優占種　48
養殖　42, 172
幼生(プラヌラ)　103
溶存酸素　9
溶存有機物(DOM)　38, 72
ヨコエビ　72

**ら・わ　行**

ライギョダマシ　87
ライザー, ジョン　173〜176

ラグーン　99
ラッコ　45〜49
乱獲　108, 137, 164〜165
藍藻　20, 153
硫化水素　141
リュウキュウスガモ　51
粒状有機物（POM）　39
リン　24, 57, 101, 111

臨界深度　23
リン酸肥料　57
冷水イシサンゴ　135
冷湧水　144〜145
ロバーツ，カラム　179
矮小雄　125
ワタリアホウドリ　84

原著者紹介
**Philip V. Mladenov（フィリップ・V・ムラデノフ）**
セブンシーズコンサルティング社役員．元オタゴ大学海洋科学部教授．35年以上にわたり海洋生物学の研究と教育，海洋調査の第一人者として活躍している．約80篇の原著論文のほか，一般向け記事，調査報告書，政府の審査報告書などを執筆している．

訳者紹介
**窪川　かおる（くぼかわ　かおる）**
1955年生まれ．東京大学大学院理学系研究科附属臨海実験所／海洋アライアンス海洋教育促進研究センター特任教授．理学博士．編著書に『海のプロフェッショナル─海洋学への招待状』（東海大学出版会，2010），『ナメクジウオ─頭索動物の生物学』（東京大学出版会，2005）などがある．

サイエンス・パレット 022
海洋生物学 ── 地球を取りまく豊かな海と生態系

平成27年3月30日　発行

訳　者　　窪　川　か　お　る

発行者　　池　田　和　博

発行所　　丸善出版株式会社
〒101-0051　東京都千代田区神田神保町二丁目17番
編集：電話（03）3512-3265／FAX（03）3512-3272
営業：電話（03）3512-3256／FAX（03）3512-3270
http://pub.maruzen.co.jp/

© Kaoru Kubokawa, 2015

組版印刷・製本／大日本印刷株式会社
ISBN 978-4-621-08893-7　C 0345　　　　Printed in Japan

本書の無断複写は著作権法上での例外を除き禁じられています．